Sitzungsberichte der Heidelberger Akademie der Wissenschaften

Mathematisch-naturwissenschaftliche Klasse

Die Jahrgänge bis 1921 einschließlich erschienen im Verlag von Carl Winter, Universitäts-buchhandlung in Heidelberg, die Jahrgänge 1922—1933 im Verlag Walter de Gruyter & Co. in Berlin, die Jahrgänge 1934—1944 bei der Weiß'schen Universitätsbuchhandlung in Heidelberg. 1945, 1946 und 1947 sind keine Sitzungsberichte erschienen.

Jahrgang 1939.

1. A. SEYBOLD und K. EGLE. Untersuchungen über Chlorophylle. DM 1.10.
2. E. RODENWALDT. Frühzeitige Erkennung und Bekämpfung der Heeresseuchen. DM 0.70.
3. K. GOERTTLER. Der Bau der Muscularis muscosae des Magens. DM 0.60.
4. I. HAUSSER. Ultrakurzwellen. Physik, Technik und Anwendungsgebiete. DM 1.70.
5. K. KRAMER und K. E. SCHÄFER. Der Einfluß des Adrenalins auf den Ruheumsatz des Skeletmuskels. DM 2.30.
6. Beiträge zur Geologie und Paläontologie des Tertiärs und des Diluviums in der Um-gebung von Heidelberg. Heft 2: E. BECKSMANN und W. RICHTER. Die ehemalige Neckarschlinge am Ohrsberg bei Eberbach in der oberpliozänen Entwicklung des südlichen Odenwaldes. (Mit Beiträgen von A. STRIGEL, E. HOFMANN und E. OBER-DORFER.) DM 3.40.
7. Studien im Gneisgebirge des Schwarzwaldes. XI. O. H. ERDMANNSDÖRFFER. Die Rolle der Anatexis. DM 3.20.
8. Beiträge zur Geologie und Paläontologie des Tertiärs und des Diluviums in der Um-gebung von Heidelberg. Heft 4: F. HELLER. Neue Säugetierfunde aus den alt-diluvialen Sanden von Mauer a. d. Elsenz. DM 0.90.
9. K. FREUDENBERG und H. MOLTER. Über die gruppenspezifische Substanz A aus Harn (4. Mitteilung über die Blutgruppe A des Menschen). DM 0.70.
10. I. VON HATTINGBERG. Sensibilitätsuntersuchungen an Kranken mit Schwellenver-fahren. DM 4.40.

Jahrgang 1940.

1. F. EICHHOLTZ und W. SERTEL. Weitere Untersuchungen zur Chemie und Pharma-kologie der Heidelberger Radiumsole. DM 2.20.
2. H. MAASS. Über Gruppen von hyperabelschen Transformationen. DM 1.20.
3. K. FREUDENBERG, H. WALCH, H. GRIESHABER und A. SCHEFFER. Über die gruppen-spezifische Substanz A (5. Mitteilung über die Blutgruppe A des Menschen). DM 0.60.
4. W. SOERGEL. Zur biologischen Beurteilung diluvialer Säugetierfaunen. DM 1.—.
5. Annulliert.
6. M. STECK. Ein unbekannter Brief von Gottlob Frege über Hilbert's erste Vorlesung-über die Grundlagen der Geometrie. DM 0.60.
7. C. OEHME. Der Energiehaushalt unter Einwirkung von Aminosäuren bei verschie-dener Ernährung. I. Der Einfluß des Glykokolls bei Hund und Ratte. DM 5.60.
8. A. SEYBOLD. Zur Physiologie des Chlorophylls. DM 0.60.
9. K. FREUDENBERG, H. MOLTER und H. WALCH. Über die gruppenspezifische Sub-stanz A (6. Mitteilung über die Blutgruppe A des Menschen). DM 0.60.
10. TH. PLOETZ. Beiträge zur Kenntnis des Baues der verholzten Faser. DM 2.—.

Jahrgang 1941.

1. Beiträge zur Petrographie des Odenwaldes. I. O. H. ERDMANNSDÖRFFER. Schollen und Mischgesteine im Schriesheimer Granit. DM 1.—.
2. M. STECK. Unbekannte Briefe Frege's über die Grundlagen der Geometrie und Ant-wortbrief Hilbert's an Frege. DM 1.—.
3. Studien im Gneisgebirge des Schwarzwaldes. XII. W. KLEBER. Über das Amphi-bolitvorkommen vom Bannstein bei Haslach im Kinzigtal. DM 1.60.
4. W. SOERGEL. Der Klimacharakter der als nordisch geltenden Säugetiere des Eis-zeitalters. DM 1.40.

Sitzungsberichte
der Heidelberger Akademie der Wissenschaften

Mathematisch-naturwissenschaftliche Klasse

Jahrgang 1956/57, 4. Abhandlung

Symposium
über Probleme der Spektralphotometrie

am 27. und 28. Februar 1957 in Heidelberg

Im Auftrag der Heidelberger Akademie der Wissenschaften

herausgegeben von

H. Kienle

1957

Springer-Verlag Berlin Heidelberg GmbH

ISBN 978-3-662-26769-1   ISBN 978-3-662-26768-4 (eBook)
DOI 10.1007/978-3-662-26768-4

Symposium
über Probleme der Spektralphotometrie

am 27. und 28. Februar 1957 in Heidelberg

Im Auftrag der Heidelberger Akademie der Wissenschaften
herausgegeben von

H. Kienle

Inhaltsübersicht

Vorwort

Das „Happel-Laboratorium für Strahlungsmessung" bei der Landessternwarte auf dem Königstuhl bei Heidelberg wurde am 27. Februar 1957 seiner Bestimmung übergeben. An die Einweihungsfeier, bei der Vertreter der Behörden, der Universität und der Stadt zu Wort kamen und der Direktor der Sternwarte über Vorgeschichte und Zweck des Laboratoriums berichtete, schloß sich ein Symposium über „Probleme der Spektralphotometrie" an, dessen Programm drei Themengruppen umfaßte:

1. Grundlagen der Strahlungsmessung,
2. Die Strahlung der Sonne und der Sterne,
3. Standard-Lichtquellen für die Spektralphotometrie.

Es wurden 11 Vorträge gehalten, von denen in der vorliegenden Publikation sieben im vollen Umfang, vier in Gestalt von Autorreferaten erscheinen. Von einer Wiedergabe der Diskussionsbemerkungen wurde Abstand genommen.

Das Symposium fand unter der Schirmherrschaft der Heidelberger Akademie der Wissenschaften statt.

H. Kienle

H. Kienle (Heidelberg): Das „Happel-Laboratorium für Strahlungsmessung". (Mit 3 Textabbildungen.)

Das neue Strahlungslaboratorium der Landessternwarte ist hervorgegangen aus den Bemühungen um die Festlegung der absoluten Temperaturskala der Sterne. Es hat seinen Vorgänger in Einrichtungen, die vor 25 Jahren in Göttingen geschaffen worden waren für den Anschluß des Systems der Sterntemperaturen

Abb. 1. Das Happel-Laboratorium für Strahlungsmessung, Außenansicht von Westen.
(Henrich phot.)

an das physikalische Temperatursystem. Aus der Zweckbestimmung ergibt sich die Ausstattung des Laboratoriums mit all den Einrichtungen, die für eine absolute Spektralphotometrie nötig sind. Schon in Göttingen war Wert darauf gelegt worden, die Photographie als Hilfsmittel quantitativer Photometrie möglichst auszuscheiden und sich statt dessen objektiver Meßmethoden zu bedienen. Damals standen nur Photozellen (in Elektrometer-Schaltung) und Thermoelemente zur Verfügung, aber Herr Kiepen-heuer machte 1938/39 schon die ersten erfolgversprechenden Versuche mit Elektronenvervielfachern und Lichtzählrohren, die inzwischen zum selbstverständlichen und unentbehrlichen Hilfsmittel der Spektralphotometrie, auch in ihrem astronomischen Anwendungsbereich, geworden sind.

Die Göttinger Arbeiten fanden 1939 einen vorläufigen Abschluß mit dem Ausbruch des Krieges. Ihre Wiederaufnahme nach 1945 am Astrophysikalischen Observatorium in Potsdam verzögerte sich infolge der vordringlicheren Aufgaben, die der Neuaufbau des in den letzten Kriegstagen schwer beschädigten und durch die nach-

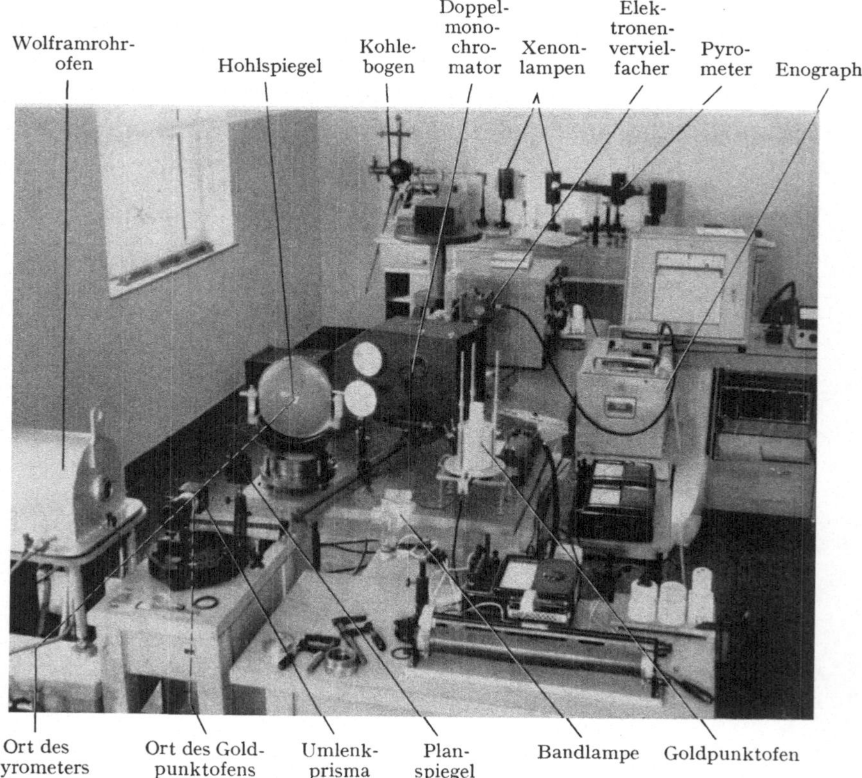

Abb. 2. Blick auf die Meßanordnung zum Vergleich der sekundären Standard-Lichtquellen mit dem Schwarzen Körper. Der Goldpunktofen steht beim Gebrauch senkrecht unter dem Umlenkprisma, die Strahlung tritt aus dem Tauchkörper vertikal nach oben aus. Das Glühfadenpyrometer ist an der Stelle des Beschauers zu denken mit Visierrichtung senkrecht auf die Verbindungslinie Wolframrohrofen—Bandlampe (Henrich phot).

folgende Demontage wesentlicher Teile seiner erhaltengebliebenen Einrichtungen beraubten Instituts mit sich brachte.

Die Reorganisation der Landessternwarte auf dem Königstuhl bei Heidelberg, die ich 1950 übernommen hatte, wurde so geführt, daß sie uns in den Stand setzen sollte, absolute Spektralphotometrie im breitesten Umfang zu betreiben. Die instrumentellen Vorarbeiten wurden in zwei kleineren, im Westinstitut eingerichteten Laboratorien geleistet, bis das neue Laboratoriumsgebäude errichtet werden konnte.

Durch die Namengebung „Happel-Laboratorium" soll das Andenken des Mannes geehrt werden, dessen hochherzige Stiftung aus dem Jahre 1911 — über zwei Geldentwertungen hinweg mit einem Drittel ihres Nominalwertes gerettet (1954 DM 75000) — den Grundstock zu dem Bau geliefert hat: Kunstmaler Karl Happel.

Das Laboratorium ist errichtet als eingeschossiger Bau von 40×10 m² Grundfläche, mit Längserstreckung in Ost-West-Richtung dem Hauptgebäude nördlich parallel vorgelagert und in den nach Norden abfallenden Hang eingesenkt aus Gründen des thermischen Schutzes. Das Innere ist eine einzige große Halle,

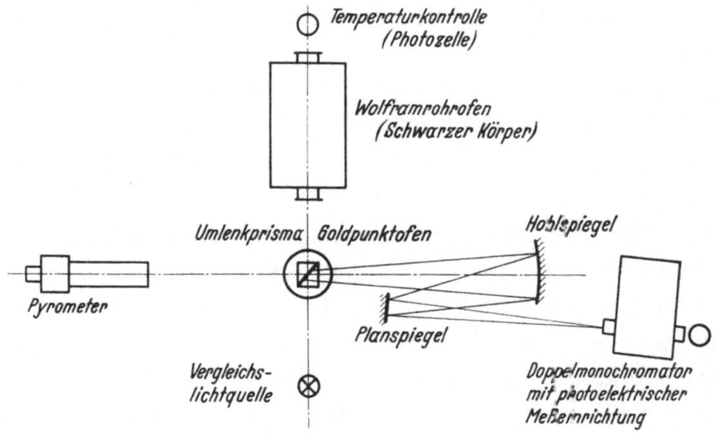

Abb. 3. Schema der Meßanordnung zum Vergleich der sekundären Standardlichtquellen mit dem Schwarzen Körper

die nach Bedarf durch verstellbare Wände in Einzelkabinen unterteilt werden kann. Auf der Ostseite ist ein vollklimatisierter Spektrographenraum eingebaut, auf der Eingangsseite im Westen eine photographische Dunkelkammer und ein Arbeitszimmer.

Eine Deckenstrahlungsheizung soll weitgehende Freiheit von Wärmeströmungen gewährleisten, so daß bei optischen Versuchen die volle verfügbare Länge von 30 m Lichtweg ausgenützt werden kann, ohne daß störende Schlierenbildung auftritt. Eine fahrbare Abschirmkabine (Siemens) ermöglicht das Arbeiten mit höchstempfindlichen elektronischen Meßanordnungen, frei von den störenden Einflüssen der nur 600 m entfernten UKW-Sender.

Kernstück der Einrichtung ist der von OSRAM in zwei identischen Exemplaren für die Berliner Zweigstelle der PTB (Prof. Hoffmann) und für uns gebaute Wolframrohrofen (WRI in Sonderausführung), der als Schwarzer Körper von 3000° K Fixpunkt für die Sterntemperaturen sein soll. Um diesen Ofen, dessen Betrieb einen ziemlichen Aufwand erfordert, gruppieren sich, über ein nach allen Seiten drehbares Umlenkprisma einschaltbar (vgl. Abb. 2 und 3), die für Vergleichsmessungen notwendigen Einrichtungen:

a) *Goldpunkt-Ofen* für den Anschluß an die international festgelegte physikalische Temperaturskala.

b) *Teilstrahlungs-Glühfadenpyrometer* mit Interferenzfiltern für Messungen bei den Wellenlängen 432, 476, 548, 588, 653 mμ.

c) *Doppelmonochromator* mit Elektronenvervielfacher und vollautomatischer Registrierung für einen Meßbereich von 2500 bis 10000 Å, mit Abbildung der zu vergleichenden Lichtquellen über Hohlspiegel.

d) *Rotierende Sektoren* mit festen Stufen und *Neutralfilter* zur Überbrückung definierter Intensitätsintervalle.

Zur apparativen Ausstattung des Laboratoriums gehören noch:

a) Quarzspektrograph Q 24 von Zeiss.

b) Gitterspektrograph mit Bausch-und-Lomb-Gitter und automatischer Registrierung (Eigenbau).

c) Spektralphotometer Zeiss „Spepho" zur Eichung von Filtern.

d) Schnell- und Registrierphotometer (Zeiss-Jena, Umbau eigene Werkstatt, vgl. Referat Bahner).

e) Strahlungsthermoelemente für Absolutmessungen (R. Hase).

f) Elektrische Meß-, Registrier- und Kontrollgeräte für absolute Strom-, Spannungs- und Widerstandsmessung (Kompensatoren).

Neben den Öfen für die Fundamentalpunkte ($1336°$ K und $3000°$ K) stehen noch an Schwarzen Körpern zur Verfügung:

Heräus-Ofen (MD 400) für Temperaturen bis $1800°$ K.

Stahlblockofen (Sonderanfertigung nach den Angaben von Prof. Hoffmann, PTB Berlin) für Temperaturen bis $1400°$ K.

Dazu kommen die verschiedenen für spektralphotometrische Zwecke verwendeten *sekundären Lichtquellen*:

a) Wolframbandlampen von Osram und Philips.

b) Standard-Kohlebogen in Panzergehäuse mit CO_2-Spülung zur Unterdrückung der CN-Banden.

c) Xenon-Hochdruck-Lampen in handelsüblicher Ausführung (XBO 160) und in Versuchsformen (wandstabilisierte „Langbogen"-Lampen).

d) Wasserstofflampe Zeiss H 30.

e) Spektrallampen (Osram) für monochromatische Strahlung.

Die Erstellung des Laboratoriums-Gebäudes und seine Versorgung mit Wasser und elektrischem Strom erforderte einen erheblichen Zuschuß aus staatlichen Mitteln. Mit Stiftungen bzw. Preisnachlässen sind beteiligt die Firmen: Eternit-Werke, Heidelberg-Rohrbach, Freudenberg-Weinheim, Brown Boveri-Mannheim, Schütte-Lanz-Mannheim, AEG-, Siemens-, Osram-Berlin.

Wesentliche Teile der Apparatur sind Leihgaben der Deutschen Forschungsgemeinschaft oder konnten aus ERP-Mitteln beschafft werden. Allen, die dazu beigetragen haben, diese internationaler Gemeinschaftsarbeit dienende Forschungsstätte zu verwirklichen, sei an dieser Stelle aufrichtig Dank gesagt. Ohne die tätige Mithilfe so vieler Stellen hätten wir nicht ans Ziel gelangen können.

H. Kienle: (Heidelberg): Absolute Spektralphotometrie in astronomischer Sicht. (Zum Problem der Sterntemperaturen.) (Mit 1 Textabbildung.)

Temperatur ist ein Parameter, der den physikalischen Zustand der Materie beschreibt. Die Maßzahl für die Temperatur gibt zugleich ein Maß ab für die Energie im Sinne der Gleichungen

$$E = \frac{m}{2} v^2 = \frac{3}{2} kT = h\nu \tag{1}$$

sei es, daß dadurch die Geschwindigkeit v der Teilchen charakterisiert wird oder die Frequenz ν der Strahlung.

Ein Stern ist ein strahlender Gasball bestimmter Masse und chemischer Zusammensetzung. Die Sternmaterie hat an jeder Stelle im Innern eine bestimmte wahre Temperatur. Dem aus der Oberfläche des Sterns austretenden Strahlungsstrom kann eine durch seine spezifische Strahlungsintensität gegebene effektive Temperatur zugeordnet werden. Es besteht die doppelte Aufgabe, aus Messungen der spezifischen Strahlungsintensität die effektive Temperatur zu bestimmen und aus dieser effektiven Temperatur die wahre Temperatur und ihre Verteilung im Innern des Sterns abzuleiten.

Der Zusammenhang der spezifischen Strahlungsintensität I_ν und der Temperatur ist gegeben durch die Beziehung

$$I_\nu \, d\nu = \varepsilon_\nu \, B(\nu, T) \, d\nu \tag{2}$$

ε_ν das Emissionsvermögen, B die Plancksche Funktion:

$$B(\nu, T) = \frac{2 h\nu^3}{k c^2} \left(e^{h\nu/kT} - 1\right)^{-1}. \tag{3}$$

Ist ε_ν bekannt und wird I_ν absolut gemessen, dann gibt die Plancksche Funktion unmittelbar die wahre Temperatur T des strahlenden Körpers. Ist dagegen ε_ν unbekannt, dann kann mit Hilfe des Planckschen Strahlungsgesetzes zunächst nur eine „schwarze Temperatur" T_s (brightness temperature, température de brillance) definiert werden durch

$$I_\nu \, d\nu = B(\nu, T_s) \, d\nu \tag{4}$$

die wegen $\varepsilon_\nu < 1$ stets niedriger ist als die wahre Temperatur und entsprechend der Frequenzabhängigkeit von ε_ν mit der Wellenlänge des Meßbereiches variiert.

Für den Gesamtstrahlungsstrom πF gelten analoge Beziehungen. Durch das Gesetz von STEFAN-BOLTZMANN wird dann die effektive Temperatur T_e definiert:

$$\pi I = \pi \int\limits_0^\infty I_\nu \, d\nu = \sigma T_e^4. \tag{5}$$

Die Berechnung der wahren Temperatur T aus der schwarzen oder der effektiven Temperatur setzt einerseits die Kenntnis des Emissionsvermögens voraus und erfordert andererseits Messungen der absoluten Strahlungsintensitäten.

Der Beobachtung zugänglich ist im allgemeinen nur die relative spektrale Intensitätsverteilung der Strahlung. In diesem Fall kann über das Plancksche Gesetz nur eine Farbtemperatur T_c — heute genauer als Verteilungstemperatur (distribution temperature) bezeichnet — abgeleitet werden als Temperatur eines schwarzen Körpers, der die gleiche Farbe — besser die gleiche relative spektrale Energieverteilung — hat wie der untersuchte Strahler. Auch die Verteilungstemperatur ist im allgemeinen keine konstante Größe, sondern ergibt sich aus verschiedenen Wellenlängenbereichen entsprechend dem Verlauf von ε_ν verschieden.

Wir stehen also zunächst vor der Aufgabe, die relative spektrale Energieverteilung $I(\lambda)$ der Sternstrahlung zu bestimmen. Gemessen wird an dem durch ein Teleskop entworfenen Bild des Sterns die Größe $I(\lambda) \, p(\lambda) \, g(\lambda) \, d\lambda$, wo $p(\lambda)$ den Transmissionskoeffizienten der Erdatmosphäre, $g(\lambda)$ die Empfindlichkeitsfunktion der Aufnahmeapparatur bedeutet. Beide Gewichtsfunktionen können entweder experimentell ermittelt und rechnerisch berücksichtigt werden oder man kann das Beobachtungsverfahren so einrichten, daß sie sich automatisch eliminieren. Entweder mißt man mit einer im Laboratorium geeichten Apparatur, wobei es primär nur auf die Wellenlängenabhängigkeit der Funktionen $p(\lambda)$ und $g(\lambda)$ ankommt — solange man nicht die Kenntnis der absoluten spektralen Energieverteilung anstrebt —, oder aber man vergleicht die Sternstrahlung mit der Strahlung einer extraterrestrischen Strahlungsquelle bekannter Verteilungstemperatur.

Offenbar ist die zweite Aufgabe einfacher zu lösen als die erste. Man ist daher bei der Bestimmung von Sterntemperaturen im allgemeinen so vorgegangen, daß die Sterne eines Beobachtungsprogramms zunächst mit einem oder mehreren Standardsternen verglichen („relativer Anschluß") und in einem zweiten, sehr viel schwierigeren Arbeitsgang die Verteilungstemperaturen dieser Standardsterne durch Messungen mit einer absolut geeichten Apparatur bestimmt wurden („absoluter Anschluß"). Gleichgültig, wie dieser absolute Anschluß in praxi durchgeführt wird, wird man zuletzt immer wieder auf den Schwarzen Körper geführt, dessen Eigenschaften durch das Plancksche Strahlungsgesetz festgelegt sind, sei es, daß man den idealen Hohlraum in irgendeiner Form als absoluten Empfänger benutzt (Kalorimeter, Pyrheliometer) oder aber den idealen Hohlraumstrahler bekannter Temperatur als Vergleichsstrahler mit einer durch die Temperatur eindeutig und absolut festgelegten spektralen Energieverteilung.

Die Bestimmung der Empfindlichkeitsfunktion $g(\lambda)$ bzw. ihre Eliminierung aus den Messungen durch entsprechende Anordnung der Beobachtungen bereitet keine prinzipiellen Schwierigkeiten insofern, als alle zur Absoluteichung notwendigen Messungen im Laboratorium mit hinreichender Genauigkeit durchgeführt werden können. Anders liegen die Dinge bei der Berücksichtigung des Einflusses der Erdatmosphäre. Der Transmissionskoeffizient $p(\lambda)$ hängt in schwer erfaßbarer Weise von den örtlichen und zeitlichen Gegebenheiten (Trübungsgrad, Wasserdampf- und Ozongehalt) ab. Nur Beobachtungen an Höhenstationen, die über der Dunstgrenze liegen, bei denen also mit reiner Rayleigh-Streuung gerechnet werden darf, bieten Aussicht auf Erfolg, wenn es sich um den absoluten Anschluß handelt. In der Tat hat die Diskussion der bisher vorliegenden Meßreihen ergeben, daß die Extinktion immer noch das größte Unsicherheitsmoment ist.

Messungen mit absolut geeichter Empfangsapparatur sind bisher nur an der Sonne vorgenommen worden. Bei den Sternen wurden die Beobachtungen stets so angelegt, daß die Empfindlichkeitsfunktion $g(\lambda)$ der Empfangsapparatur sich dadurch eliminiert, daß man die Sterne mit einem künstlichen Stern vergleicht, der über die gleiche Optik auf den Empfänger abgebildet wird. Die Eichung des künstlichen Sterns im Laboratorium durch Anschluß an den Schwarzen Körper tritt dann an die Stelle der Eichung der Empfangsapparatur selbst.

Die Realisierung des künstlichen Vergleichssterns kann erfolgen entweder durch eine Lichtquelle in großer Entfernung oder mit Hilfe eines Kollimators, der den scheinbaren Ort der Lichtquelle ins Unendliche verlegt. Im ersten Falle muß die Extinktion auf dem langen horizontalen Lichtweg berücksichtigt werden, im zweiten die Schwächung durch die Optik des Kollimators. Die Durchlässigkeit einer optischen Anordnung ist wohl im allgemeinen leichter quantitativ zu erfassen und unter Kontrolle zu halten als die Extinktion auf einem langen Weg durch die untersten Schichten der Atmosphäre. Wir haben daher bei unseren Messungen den Spiegel-Kollimator bevorzugt, während CHALONGE neuerdings auf dem Jungfraujoch einen künstlichen Stern benutzt, der auf dem Ostgrat der Jungfrau aufgestellt ist in einer Distanz von etwa 2000 m vom Sphinx-Observatorium.

Die Beantwortung der Frage, wie man den künstlichen Stern am besten verwirklicht, hängt wesentlich ab von dem angewandten Beobachtungsverfahren. Wird, wie bisher allgemein üblich, photographisch gearbeitet, dann ergeben sich zwei Forderungen, die an den künstlichen Stern zu stellen sind:

a) Das Bild des künstlichen Sterns darf sich geometrisch-optisch nicht von dem des natürlichen Sterns unterscheiden (Grundvoraussetzung der photographischen Photometrie).

b) Der künstliche Stern soll eine von der des natürlichen Sterns möglichst wenig verschiedene Farbtemperatur haben, damit die photographisch-photometrisch zu überbrückenden Intensitätsverhältnisse nicht systematisch mit der Wellenlänge variieren (Abhängigkeit der Schwärzungskurve von der Wellenlänge).

Beide Forderungen brauchen weniger streng erfüllt zu sein, wenn objektive Meßmethoden angewandt werden, bei denen der Lichtstrom gemessen wird, unabhängig von der speziellen geometrisch-optischen Abbildung. Die Überbrückung von Intensitätsverhältnissen 1:1000 ist mit photoelektrischen Meßanordnungen noch sehr wohl möglich, während man in der photographischen Präzisionsphotometrie kaum über 1:10 hinausgehen kann.

Der mit abnehmender Temperatur zunehmende Linienreichtum in den Sternspektren erschwert die Trennung von Linien und Kontinuum und bringt eine erhebliche Unsicherheit in der Deutung der Messungen mit sich („Verschmierungseffekt"). Man wählt daher als Standardsterne möglichst solche mit klar erfaßbarem Kontinuum, d.h. $B-A$-Sterne, deren Farbtemperaturen in der Gegend von 10000 bis 20000° K liegen. Dem stehen dann aber gegenüber Farbtemperaturen von nur 2500° K bis maximal 4000° K der irdischen Temperaturstrahler (Wolframbandlampe, positiver Krater des Kohlebogens). Echte schwarze Strahlung (Hohlraumstrahlung) ist bisher kaum mit höherer Temperatur als 3000° K

(Wolframrohr-Ofen) realisiert worden, jedenfalls nicht im Dauer-
betrieb.

Durch geeignete Kombinationen von Farbfiltern kann die
niedrige Farbtemperatur einer Lampenstrahlung auf höhere Werte
transformiert werden, jedoch immer nur für beschränkte Wellen-
längenbereiche, da es keine Farbstoffe gibt, deren Durchlässigkeit
über einen größeren Bereich linear mit der Wellenzahl wächst, wie
es die Transformation der Planck-Funktion erfordert.

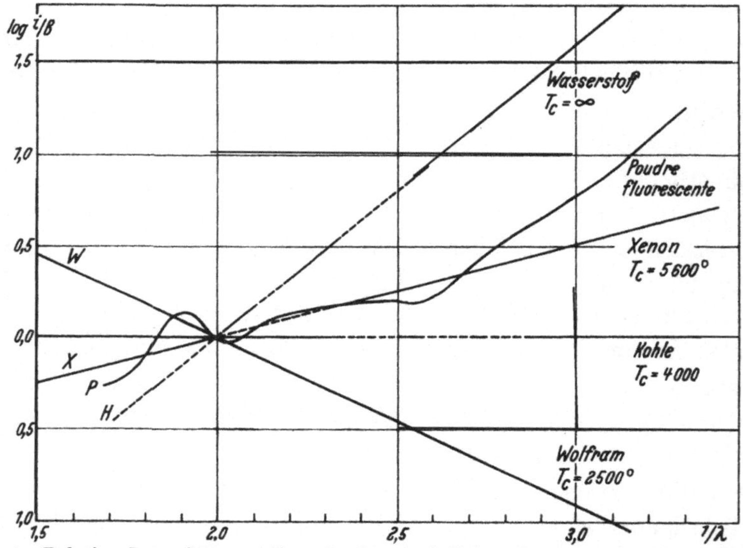

Abb. 1. Relative Intensitätsverteilung im kontinuierlichen Spektrum der Standardlichtquellen. Abszisse: Reziproke Wellenlänge in 10^4 cm^{-1}. Ordinate: Logarithmus des Inten-
sitätsverhältnisses zum Schwarzen Körper von 4000° K. Die von Emissionslinien
überlagerten Teile sind punktiert

Andere Lichtquellen mit kontinuierlichem Spektrum bieten sich
in den Gasentladungslampen dar. Das Wasserstoffkontinuum ist
mit gutem Erfolg von Chalonge im astronomischen UV-Bereich
benutzt worden. Der Xenon-Hochdruckbogen liefert ein nur von
wenigen Linien überlagertes Kontinuum von λ 6800 bis in das
äußerste UV, dessen Verteilungstemperatur sehr nahe der des
Sonnenlichtes (nach Durchgang durch die Erdatmosphäre) gleich-
kommt. Neuerdings hat Chalonge eine Vergleichslichtquelle vorgeschlagen, bei der die durch die Quecksilberlinie λ 2537 angeregte
Fluoreszenz einer Kombination von ausgesuchten Kristallpulvern
ausgenützt wird. Das Spektrum dieses Fluoreszenzleuchtens weist
zwar eine gewisse, durch die Zusammensetzung aus mehreren Kon-
tinuen bedingte Welligkeit auf, verläuft aber im ganzen über einen

weiten Bereich sehr nahe parallel dem der mittleren bis frühen Spektraltypen.

Abb. 1 gibt eine Übersicht über die spektralen Eigenschaften der heute für astronomisch-spektralphotometrische Zwecke verfügbaren Lichtquellen.

Für die Beurteilung der Brauchbarkeit der verschiedenen Lichtquellen als künstliche Sterne spielt eine wesentliche Rolle die Frage der zeitlichen Konstanz und der Reproduzierbarkeit der Strahlungseigenschaften („Eichfähigkeit"). Dabei ist zu unterscheiden zwischen der absoluten Strahlungsstärke und der relativen spektralen Verteilung oder, wenn man will, zwischen der schwarzen Temperatur und der Verteilungstemperatur. Es kann sehr wohl sein, daß Änderungen der absoluten Strahlungsstärke keinen Einfluß haben auf die relative spektrale Energieverteilung. Einer der wesentlichen Vorzüge des Xenon-Hochdruckbogens besteht gerade darin, daß die Verteilungstemperatur des Kontinuums in ziemlich weiten Grenzen unempfindlich ist gegen Variationen der Betriebsbedingungen.

Die **Wolframbandlampe** ist als reiner Temperaturstrahler unter dem Gesichtspunkt der Eichfähigkeit wohl der beste sekundäre Standard für Zwecke der absoluten Spektralphotometrie. Ihre Verwendung stellt allerdings einige Anforderungen an das Instrumentarium, denn es müssen Ströme von der Größenordnung 15 Amp mit Genauigkeiten von $1^0/_{00}$ eingestellt und konstant gehalten werden. Bedenken, die bezüglich zeitlicher Änderungen des Emissionsvermögens bestehen, werden gegenstandslos, wenn die Lampen mit der nötigen Vorsicht behandelt und mit einem Pyrometer im Gebrauch unter Kontrolle gehalten werden. Nach den Untersuchungen von DE VOS scheint es sogar denkbar, die Wolframbandlampe in Verbindung mit einem absolut geeichten Pyrometer an Stelle eines echten Schwarzen Körpers als primären Standard zu benutzen.

Der **positive Krater** des zwischen reinen Grafitelektroden brennenden **Kohlebogens** ist von MACPHERSON als primärer Standard vorgeschlagen und zuletzt von EULER[1] sehr eingehend auf seine Eignung untersucht worden. Einige Unsicherheit besteht zwar noch hinsichtlich des Einflusses des Elektrodenmaterials und gewisser äußerer Bedingungen (Zusammensetzung und Druck der Atmosphäre, in der der Bogen brennt) auf den Absolutwert der

---

[1] Literatur s. Referat EULER, S. 74.

Temperatur, auf die sich der Krater knapp unterhalb der Zischgrenze des Bogens einstellt. Aber die Tatsache, daß eine solche Grenztemperatur existiert und infolge einer Art Selbststabilisierung recht wenig empfindlich ist gegen Schwankungen des Versorgungsstromes, spricht sehr zugunsten dieser Strahlungsquelle. Hinzu kommt die relativ hohe Verteilungstemperatur von 4000° K.

Die Xenonlampe, mit der wir uns in den letzten Jahren eingehend beschäftigt haben, besticht durch das über einen weiten Spektralbereich durch eine einheitliche Verteilungstemperatur von etwa 5600° K darstellbare Kontinuum und die relative Unempfindlichkeit der relativen spektralen Energieverteilung gegenüber Strom- und Intensitätsschwankungen bei gleichzeitiger geringer Leistungsaufnahme (160 W bei der kleinsten Type). Allerdings bereitet die nie ganz zu unterdrückende Unruhe des Bogens, die individuell verschieden stark zu sein scheint, abhängig offenbar von Form und Oberfläche der Elektroden, Schwierigkeiten bei der Verwendung in optischen Anordnungen mit Abbildung der Lichtquelle auf einen Spalt, wenn die Spektren nicht photographisch aufgenommen, sondern direkt registriert werden. Wenn es auf den Absolutwert der Strahlungsstärke ankommt (absolute Eichfähigkeit), dann wird auch bei der Xenonlampe der Aufwand erheblich (Batteriegleichstrom von mindestens 120 V, Lampen von 1 kW und mehr Leistungsaufnahme). Als Vorzug bleibt in jedem Fall die sonnenähnliche Verteilungstemperatur.

Die Wasserstofflampe in der Form, wie sie in dem Spektralphotometer von Zeiss verwendet wird, liefert mit dem geringsten Aufwand (30 W, Glimmröhren-stabilisierte Netzspannung) ein ideales Kontinuum für das UV-Gebiet unterhalb λ 3700, einer Verteilungstemperatur $T_c = \infty$ entsprechend. Oberhalb λ 4000 kann in beschränkten Wellenlängenbereichen noch von Linien freies Kontinuum erfaßt werden, doch kann man davon nur Gebrauch machen in spektralen Anordnungen hoher Auflösung.

Das von Chalonge entwickelte Strahlungsnormal, das unter der Bezeichnung „poudre fluorescente" geht, könnte in der Zukunft Bedeutung gewinnen als billiges und bequemes Etalon, ähnlich den radioaktiven Leuchtpräparaten, die in der lichtelektrischen Photometrie häufig Verwendung gefunden haben. Die relative spektrale Intensitätsverteilung der Fluoreszenzstrahlung ist unveränderlich gegeben, einzig und allein durch die Zusammensetzung des Kristallpulvers. Die aus der gleichen Mischung von

Kristallen in dem gleichen Arbeitsgang hergestellten Etalons könnten überallhin verschickt werden, wo Interesse daran besteht, ein spektralphotometrisches System von Farben und Farbtemperaturen an das internationale System anzuschließen.

Letzter absoluter Standard ist und bleibt der Schwarze Körper, dessen absolute Temperatur pyrometrisch bestimmt wird durch Anschluß an gasthermometrisch festgelegte Fixpunkte (Goldschmelzpunkt). Wie in dem Referat von HOFFMANN und SCHLEY näher ausgeführt wird, bestehen nach den letzten sehr sorgfältigen Messungen in der PTB Braunschweig hinreichend Gründe für die Annahme, daß der bisher international anerkannte Wert für den Goldpunkt ($T_0 = 1336°$ K) um mindestens $1.°4$ zu tief liegt. Da für die strahlungstheoretische Temperaturskala gilt:

$$\frac{dT}{T} = \frac{T}{T_0} \frac{dT_0}{T_0} \tag{6}$$

bedeutet eine Änderung des Ausgangspunktes T_0 um ΔT_0 eine nichtlineare Dehnung der ganzen Temperaturskala:

$$T' = T\left(1 + \frac{T}{T_0^2} \Delta T_0\right). \tag{7}$$

Dem wird man bei der Ableitung von Sterntemperaturen ebenso Rechnung tragen müssen wie den Änderungen der Konstanten c_2, die von dem früheren Wert 1,432 auf mindestens 1,438 erhöht werden muß.

Zur Erleichterung der Umrechnung auf andere Systeme der Konstanten empfiehlt es sich, daß die Beobachter ihre Resultate in einer Form mitteilen, in der die Konstanten noch nicht numerisch enthalten sind. Im Bereich der astronomischen Spektralphotometrie sind die aus den Beobachtungen unmittelbar abgeleiteten Größen die relativen Gradienten:

$$\Delta\Phi = \Phi - \Phi_0 = -\frac{d}{d^1/\lambda} \ln \frac{I}{I_0} \tag{8}$$

mit der Bedeutung von Φ:

$$\Phi = \frac{c_2}{T}\left(1 - e^{-c_2/\lambda T}\right)^{-1} \tag{9}$$

Die so definierten Gradienten — bis auf den Planck-Korrektionsfaktor identisch mit c_2/T — sind lineare Funktionen der Farbenindizes

$$\Phi = \text{const} + \frac{0,92}{1/\lambda_1 - 1/\lambda_2} C_{\lambda_1}^{\lambda_2} \tag{10}$$

und so die zweckmäßigen Rechengrößen bei allen astronomisch-spektralphotometrischen Untersuchungen, die die Ableitung von

Farbtemperaturen zum Ziel haben. Der Übergang zur Temperatur — für die in der einschlägigen astronomischen Literatur die auf die Herkunft Bezug nehmende Bezeichnung „Gradiententemperatur" (gradient temperature) gebräuchlich ist — geschieht am einfachsten mit Hilfe eines Nomogramms[1].

Der Schwarze Körper kann realisiert werden als Hohlraumstrahler unter Verwendung kugelförmiger oder zylindrischer Hohlkörper, die von außen geheizt werden. Osram verwendet bei dem Ofen WR I für Temperaturen bis 3000° K nach klassischem Vorbild[2] ein direkt geheiztes Wolframrohr, in das eine aus Wolfram hergestellte Kammer eingesetzt ist. Passend angebrachte Blenden sorgen dafür, daß nur die aus der Kammer kommende Hohlraumstrahlung direkt durch das den Ofen abschließende Quarzfenster zur Meßanordnung gelangen kann.

Der Grad der „Schwärze" der Strahlung, der auf solche Weise erreicht wird, ist theoretisch bei einem zylindrischen Hohlraum von der Länge l und der Öffnung d und einem diffusen Reflexionsvermögen R der der Öffnung gegenüberliegenden Innenwand durch das Absorptionsvermögen

$$A = 1 - R\,\frac{d^2}{4\,l^2} \tag{11}$$

gegeben. Mit $l = 120$ mm, $d = 12$ mm und $R = 0,5$ wird $A = 0,9988$. Um R genügend klein zu halten und vor allem spiegelnde Reflexionen zu vermeiden, sind die Innenwände möglichst aufzurauhen, eventuell mit Wolframwatte auszukleiden.

Die Bestimmung der absoluten Temperatur der Hohlraumstrahlung kann für Temperaturen über 2000° K nur noch pyrometrisch erfolgen durch Anschluß an den Goldschmelzpunkt mit einem Teilstrahlungspyrometer gemäß der Beziehung

$$\frac{c_2}{T} = \frac{c_2}{T_{\mathrm{Au}}} - \lambda \cdot \ln \frac{B(\lambda, T)}{B(\lambda, T_{\mathrm{Au}})} . \tag{12}$$

Dabei kommt es sehr auf die genaue Kenntnis der effektiven Wellenlänge λ des Filters an, mit dem gemessen wird; sie ist, selbst wenn Interferenzfilter mit sehr geringer Halbwertsbreite verwendet werden, von der Temperatur abhängig. Die messend zu überbrückenden Intensitätsintervalle sind sehr groß: 100, 1000 und 10 000 für den Übergang vom Goldpunkt auf 1850° K, 2300° K, 3000° K. Rotierende Sektoren oder Graufilter, die zur Lichtschwächung benutzt werden, bedürfen daher sorgfältiger Eichung.

[1] H. KIENLE, Z. f. Astrophys. **20**, 239 (1941).
[2] NOTHDURFT, W., u. H. WILLENBERG: Phys. Z. **43**, 138 (1942).

Fr. Hoffmann und U. Schley (Berlin): Der Schwarze Strahler und die Konstanten des Strahlungsgesetzes. (Mit 4 Textabbildungen.)

Durch die ständig zunehmende Bedeutung, die seit Beginn des Jahrhunderts die Astrophysik im Bereiche der Astronomie gewonnen hat, sind auch die Probleme der reinen Physik immer mehr in den Gesichtskreis des Astronomen getreten. Im Vordergrund *seines* Interesses stehen dabei natürlich die Strahlungserscheinungen, und hier wiederum spielt eine besondere Rolle die Temperaturstrahlung, die ihren vollkommensten Ausdruck im Wien-Planckschen Strahlungsgesetz gefunden hat. Als ein Grenzgesetz, das nur für den idealen Fall eines absolut schwarzen Strahlers gilt, ist seine Verwirklichung nur durch den Kunstgriff der Herstellung einer Hohlraumstrahlung möglich, die in der Natur immer nur in mehr oder weniger grober Annäherung vorkommt. Indessen ist doch erst durch die Aufstellung dieses Gesetzes und die damit gegebene Möglichkeit eines Vergleiches der realen Sternspektren mit einem theoretisch aufs beste fundierten Normalspektrum, nämlich dem des Schwarzen Strahlers gegebener Temperatur, eine sichere Grundlage gewonnen worden für weitgehende Schlüsse auf die physikalisch-chemischen Vorgänge auf den Gestirnen, insbesondere ihre Temperatur. Über die Folgerungen, die aus einem solchen Vergleich gezogen werden können, zu sprechen, muß ich Berufeneren überlassen; hier sei es mir nur gestattet, eine kritische Betrachtung über die in diesem Gesetz auftretenden Konstanten vorauszuschicken, um ein Urteil zu gewinnen, bis zu welchem Grade zur Zeit die Grundlagen für eine Berechnung hoher und höchster Temperaturen aus den Strahlungsgesetzen als gesichert angesehen werden können.

Zum Verständnis des Folgenden ist es nötig, einen flüchtigen Blick auf die heute geltende Temperaturskala zu werfen.

Diese Temperaturskala ist heute international festgesetzt und wird überwacht von einem Comité beim Bureau International des Poids et Mesures, das in angemessenen Zeitabständen zusammentritt, um sie dem Fortschritt der Wissenschaft anzupassen. Die erste danach aufgestellte „Internationale Temperaturskala" stammt aus dem Jahre 1927; sie wurde im Jahre 1948 revidiert.

Als Grundprinzip gilt dabei, daß die Skala so nahe wie möglich die thermodynamische Skala darstellen solle. Zu deren Verwirklichung wird als Fundamentalinstrument das Gasthermometer benutzt, dessen Angaben thermodynamisch korrigiert werden. Als Ergebnis dieser Messungen wurden für die Temperaturen einer Anzahl gut reproduzierbarer Fixpunkte Zahlenwerte festgesetzt und Angaben gemacht, welche Meßgeräte, die nach bestimmten Vorschriften bei den Fixpunkten zu eichen sind, zur Interpolation der Zwischentemperaturen benutzt werden sollen.

Tabelle 1. Internationale Temperaturskala 1948

Von 0° bis 1063° (Goldpunkt)

Fixpunkte:

Eispunkt	0° C	Antimon-Erstarrungspunkt	630,5° C
Wasser-Siedepunkt . .	100° C	Silber-Ertarrungspunkt .	960,8° C
Schwefel-Siedepunkt . .	444,60° C	Gold-Erstarrungspunkt .	1063° C

Interpolation:

von 0° bis 630°: Platin-Widerstandsthermometer

$$R_t = R_0(1 + A\,t + B\,t^2)$$

von 630° bis 1063°: Platin-Platinrhodium-Thermoelement

$$E_t = a + b\,t + c\,t^2.$$

Von 1063° (Goldpunkt) aufwärts
Definition der Temperatur durch die Strahlungsgleichung

Fixpunkte:

Kupfer-Erstarrungspunkt.	1083° C	Platin-Erstarrungspunkt	1769° C
Nickel-Erstarrungspunkt .	1453° C	Iridium-Erstarrungspunkt	2443° C
Palladium-Erstarrungs-punkt	1552° C	Wolfram-Erstarrungspunkt	3380° C

Die Gasthermometerskala reicht nach oben bis zum Palladiumpunkt bei 1552° C. Oberhalb 1063° C beginnt die Strahlungstemperaturskala, die sich in dem verhältnismäßig kleinen Bereich vom Goldpunkt bis zum Palladiumpunkt mit der Gasthermometerskala überdeckt.

Die Einführung der Strahlungsskala neben der Gasthermometerskala findet ihre Berechtigung in der völligen Analogie im Verhalten eines idealen Gases und der Strahlung eines idealschwarzen Körpers. Genau so wie die kinetische Theorie der Gase kann daher auch die Theorie der Temperaturstrahlung zur Aufstellung der thermodynamischen Temperaturskala benutzt werden. Bereits von etwa 1000° C an ist die Strahlungsmessung der gasthermometrischen an Genauigkeit überlegen, und von 1600° C an, der Grenze der Gasthermometermessung, ist sie die einzige brauchbare Meßmethode.

Tabelle 2. *Strahlungstemperaturskala*

Definition durch die Strahlungsgleichung

| 1927 Gleichung von WIEN | $\dfrac{J_t}{J_{\mathrm{Au}}} = \dfrac{e^{\frac{c_2}{\lambda T_{\mathrm{Au}}}}}{e^{\frac{c_2}{\lambda T}}}$ | $t_{\mathrm{Au}} = 1063^\circ\,\mathrm{C}$ $T_{\mathrm{Au}} = 1336^\circ\,\mathrm{K}$ $T_0 = 273^\circ\,\mathrm{K}$ $c_2 = 1{,}432\,\mathrm{cm}\cdot\mathrm{grad}$ |

$$\lg \frac{J_t}{J_{\mathrm{Au}}} = \frac{M c_2}{\lambda}\left(\frac{1}{T_{\mathrm{Au}}} - \frac{1}{T}\right)$$

| 1948 Gleichung von PLANCK | $\dfrac{J_t}{J_{\mathrm{Au}}} = \dfrac{e^{\frac{c_2}{\lambda T_{\mathrm{Au}}}} - 1}{e^{\frac{c_2}{\lambda T}} - 1}$ | $t_{\mathrm{Au}} = 1063^\circ\,\mathrm{C}$ $T_{\mathrm{Au}} = 1336{,}16^\circ\,\mathrm{K}$ $T_0 = 273{,}16^\circ\,\mathrm{K}$ $c_2 = 1{,}438\,\mathrm{cm}\cdot\mathrm{grad}$ |

Vergleich beider Skalen

1927	$\longrightarrow$	1948
1063° C	0	1063 °C
1500° C	— 2,3	1497,7° C
2000° C	— 6,3	1993,7° C
2500° C	— 12	2488° C
3000° C	— 19	2981° C
4000° C	— 42	3958° C

Für die Strahlungskonstante c_2 läßt sich ein theoretischer Wert ableiten aus der Beziehung

$$c_2 = \frac{c\,h}{k}$$

$c =$ Lichtgeschwindigkeit; $h =$ Wirkungsquantum; $k =$ Boltzmann-Konstante.

und ein empirischer Wert, wenn man das monochromatische Intensitätsverhältnis $V_\lambda = \dfrac{J}{J_{\mathrm{Au}}}$ der Strahlungen bei der Wellenlänge λ, bezogen auf den Goldpunkt, als Meßgröße betrachtet und berücksichtigt, daß beim Goldpunkt —1 im Zähler vernachlässigt werden kann. Man erhält so

$$c_2 = \frac{\lambda \cdot \lg\left[V_\lambda \cdot (1 - \tau)\right]}{M \cdot \left(\dfrac{1}{T_{\mathrm{Au}}} - \dfrac{1}{T}\right)},$$

wo der Korrektionsfaktor $1 - \tau = (1 - e^{-c_2/\lambda T})$ die Abweichung des Planckschen Gesetzes vom Wienschen Gesetz berücksichtigt.

Das Vertrauen zur Theorie war dabei so groß, daß für die Aufstellung der Strahlungstemperaturskala ganz vorwiegend der theoretische Wert maßgebend war. Nach einem anfänglichen Schwanken zwischen 1,46 und 1,42 cm·grad wurde 1927 der Wert 1,432 international angenommen. 1939 veröffentlichte WENSEL eine

Tafel, auf der die zeitliche Änderung der theoretischen Werte infolge der an c, h und k vorgenommenen Änderungen graphisch aufgetragen war. Er wollte damit begründen, daß die Theorie den beträchtlich höheren Wert 1,436 forderte. Vervollständigen wir diese Tafel bis zur Gegenwart, so sehen wir, daß die Werte noch weiter angestiegen sind und daß dieser Anstieg der Anlaß war, daß man sich 1948 international auf den Wert 1,438 einigte.

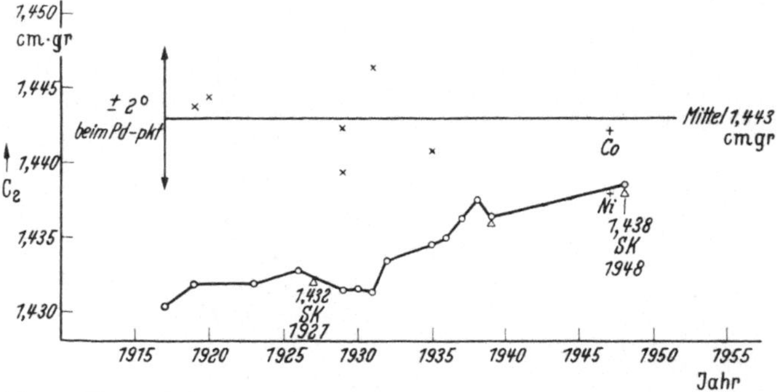

Abb. 1. Theoretische und empirische Werte der Strahlungskonstanten c_2.
× Optisch-pyrometrische Messungen Pd/Au; + Optisch-pyrometrische Messungen Ni und Co/Au

$$c_2 = \lambda \cdot \ln V_\lambda \cdot \left(\frac{1}{T_{Au}} - \frac{1}{T} \right);$$

○ Theoretische Werte aus den Fundamental-Konstanten

$$c_2 = \frac{c \cdot h}{k};$$

△ Vorschläge für die Temperaturskala

Wie steht es nun mit dem experimentellen Wert von c_2? Aus optisch-pyrometrischen Messungen läßt sich c_2 in der Weise bestimmen, daß dieselbe Formel, die zur Definition der Strahlungsskala dient: $\ln V_\lambda = \frac{c_2}{\lambda} \left(\frac{1}{T_{Au}} - \frac{1}{T} \right)$ benutzt wird, nur daß jetzt für die beiden Temperaturen gasthermometrisch gemessene Werte eingesetzt werden und c_2 als Unbekannte angesehen wird.

Die besten Werte ergaben sich aus der Messung der monochromatischen Intensitätsverhältnisse V_λ vom Pd-Punkt zum Au-Punkt bei verschiedenen Wellenlängen λ, wobei die Bedingung, daß $\lambda \cdot \ln V_\lambda$ für alle Wellenlängen gleich sein muß, ein gutes Kriterium für die innere Übereinstimmung der Messungen ist. Das Ergebnis solcher Messungen ist in der Tabelle 3 zusammengestellt und in Abb. 1 eingetragen.

Wie verträgt sich das Ergebnis mit der Internationalen Temperaturskala? Für den Pd-Punkt erhält man mit den Werten

1,432 bzw. 1,438 für c_2 Differenzen von $+ 5,7°$ C bzw. $+ 3,0°$ C gegenüber dem von DAY und SOSMAN 1910 mit dem Gasthermometer bestimmten Wert $t_{Pd} = 1549,6°C \pm 2°$. Umgekehrt führen die besten gasthermometrischen Werte für den Au- und den Pd-Punkt im Mittel auf $c_2 = 1,443$ cm·grad.

Wie aus Abb. 1 hervorgeht, wird also mit dem 1948 angenommenen Wert $c_2 = 1,438$, unter der Annahme, daß der Au-Punkt richtig ist, beim Pd-Punkt die untere Fehlergrenze von DAY und SOSMAN fast erreicht. Man könnte sich, angesichts der großen Schwierigkeiten gasthermometrischer Messungen bei dieser Temperatur damit zufrieden geben, d.h. annehmen, daß der Day-Sosmansche Wert für den Pd-Punkt um etwa 3° zu tief gemessen sei. Die Temperaturskala von 1948 hat dem Rechnung getragen und den Pd-Punkt auf 1552° C festgesetzt. Indessen bestand doch auch die Möglichkeit, daß der Au-Punkt nicht ganz richtig ist, und eine solche Annahme wurde durch das Verhalten der Stefan-Boltzmannschen Konstanten σ nahegelegt.

In der Temperaturskala spielt die Konstante σ eine andere Rolle als c_2. Definiert

Tabelle 3. *Die empirischen Werte der Strahlungskonstanten c_2 nach optisch-pyrometrischen Messungen Pd/Au*

		Skala		D und S
	$\lambda \cdot \ln V_\lambda$	1927	1948	
		$T_0 = 273°$ K $t_{Au} = 1063°$ C $c_2 = 1,432$ cm·gr	273,16 1063 1,438	$T_0 = 273,16°$ K $t_{Au} = 1062,6°$ C $t_{Pd} = 1549,6°$ C $\pm 2°$
1919 HOFFMANN und MEISSNER (PTR) .	$2,888 \cdot 10^{-4}$ cm	$t_{Pd} = 1555,7°$ C	1553,1°	$c_2 = 1,4439$ cm · gr
1920 HYDE und FORSYTHE	2,889	1556	1553	1,4444
1929 FAIRCHILD, HOOVER und PETERS (NBS)	2,879	1553,6	1551,0	1,4394
1929 SCHOFIELD	2,885	1555	1552	1,4424
1931 NIKITINE	2,893	1557	1554	1,4464
1935 SCHOFIELD	2,882	1554,4	1551,7	1,4409
Mittel	$\lambda \cdot \ln V_\lambda = 2,886 \cdot 10^{-4}$ cm	$t_{Pd} = 1555,3°$ C	1552,6°	$c_2 = 1,4429$

man nämlich die Temperatur in der Gesamtstrahlungsskala wiederum durch das Verhältnis der Strahlungen bei der zu messenden Temperatur zu der beim Au-Punkt, also $V = S_2/S_1 = \sigma \cdot T_2^4/\sigma \cdot T_1^4$, so fällt σ heraus, d.h. die Temperaturskala der Gesamtstrahlung ist unabhängig von jeder Annahme für den Wert von σ allein durch die Bedingung $T_2^4/T_1^4 = S_2/S_1$ eindeutig bestimmt.

Dagegen ist nach dem Stefan-Boltzmannschen Gesetz die Intensität bei einer bestimmten Temperatur z.B. beim Au-Punkt selbst, ihrem absoluten Betrage nach gegeben durch $S = \sigma \cdot T^4$. Der experimentelle Wert von σ ist aus zahlreichen Messungen der Gesamtstrahlung zu $\sigma = 5{,}75$ bis $5{,}73 \cdot 10^{-5}$ gefunden worden, während der theoretische Wert aus $\sigma = \dfrac{2\,\pi^5\,k^4}{15\,c^2\,h^3}$ sich zu $5{,}67 \cdot 10^{-5}$ erg/cm^2 sec-gr^4 ergibt.

Diese Differenz bedeutet, daß die Temperatur des Au-Punktes um etwa 4° höher liegen müßte als in der jetzt gültigen Skala.

Fassen wir zusammen: Durch den Übergang von $1{,}432$ zu $1{,}438$ für c_2 ist die Übereinstimmung der Strahlungsskala mit der Gasthermometerskala erheblich verbessert worden: Die Abweichung beim Pd-Punkt ist, den Au-Punkt als richtig vorausgesetzt, von $5{,}7°$ auf $2{,}5°$ vermindert. Die experimentellen Werte für c_2 liegen aber immer noch in der Day-Sosmanschen Skala bei $1{,}443$, einem Wert, der nach unserer heutigen Kenntnis der Atomkonstanten theoretisch nicht zu rechtfertigen ist; eine Erniedrigung auf den theoretischen Wert würde sich aus den Messungen von $\lambda \cdot \ln V$ ergeben, wenn das Temperaturintervall zwischen Pd- und Au-Punkt größer würde.

Die Relativmessungen der Gesamtstrahlung haben ergeben, daß das Verhältnis der absoluten Temperaturen beim Pd- zum Au-Punkt richtig ist, während aus den Messungen der absoluten Gesamtstrahlung sich ein Wert für σ ergeben hat, der beträchtlich größer ist als der theoretische. Um in Übereinstimmung mit dem theoretischen Wert von σ zu kommen, müßte die Temperatur des Au-Punktes um etwa 4° erhöht werden.

Bei dieser Sachlage erschien es dringend nötig, die Grundlagen der auf alten, nur bis 1911 reichenden Gasthermometermessungen beruhenden Skala im höheren Temperaturbereich und der damit aufs engste verknüpften Strahlungsgrößen noch einmal nach neuen Gesichtspunkten und mit zeitgemäß verbesserten Methoden nachzuprüfen. Zu diesem Zweck sind in der PTB mehrere Arbeiten unternommen worden: Eine gasthermometrische und zwei strahlungsthermometrische, deren Gesamtheit erst eine vollständige Klärung zu bringen verspricht.

Die Gasthermometermessungen, die vom Amtsteil Braunschweig übernommen wurden, sollten zu einer Neubestimmung des für die Strahlungstemperaturskala fundamentalen Au-Punktes führen. So wichtig eine solche Untersuchung im Hinblick auf die Konstante σ ist, war doch von vornherein für das Gesamtproblem Entscheidendes davon nicht zu erwarten, weil ja die Korrektion eines einzelnen Temperaturpunktes für die Konstante c_2, die sich immer auf Temperaturintervalle stützt, nur zu neuen Schwierigkeiten führen mußte. Es mußte daher ein Weg gefunden werden, auch für c_2 neue experimentelle Daten zu gewinnen.

Von neuen Messungen der Gesamt- oder Teilstrahlung im Temperaturgebiete von Au-Punkt aufwärts oder neuen Bestimmungen der Konstanten war angesichts der zahlreichen Veröffentlichungen darüber kaum etwas Entscheidendes zu erwarten. Dagegen ließ die neuere Entwicklung hochempfindlicher Strahlungs-Empfänger und -Meßmethoden es aussichtsreich erscheinen, zu versuchen, die Strahlungstemperaturskala vom Au-Punkt abwärts so zu erweitern, daß die Frage, wie weit sie sich mit der Gasthermometerskala deckt, in einem sehr viel breiteren Temperaturbereich untersucht werden kann. Dabei fällt stark ins Gewicht, daß die tieferen Temperaturen als sehr viel genauer bekannt angesehen werden können.

Gelänge es also, zuverlässige Strahlungsmessungen vom Au-Punkt abwärts etwa bis zum Al- oder Sb-Punkt oder gar bis zum S-Siedepunkt zu machen, würde damit das Gebiet, in dem eine Deckung beider Skalen verlangt werden muß, bedeutend vergrößert sein.

Methodisch bieten sich hier dieselben beiden Möglichkeiten wie bei hohen Temperaturen:

1. Messung der relativen Intensität der Gesamtstrahlung, bezogen auf den Au-Punkt und damit Prüfung der aus dem Stefan-Boltzmannschen Gesetz folgenden T^4-Beziehung.

2. Messung der relativen Intensität der durch geeignete Strahlungsfilter spektral stark eingeengten „quasimonochromatischen" Strahlung, wieder bezogen auf den Au-Punkt, und daraus Ableitung der Konstanten c_2.

In beiden Fällen sollte sich ein Urteil gewinnen lassen, inwieweit die gasthermometrisch bestimmte Temperatur des Au-Punktes mit den Strahlungsgesetzen vereinbar ist.

Jede der beiden Methoden hat ihre Vorzüge und ihre Nachteile; welche von ihnen mehr Aussicht auf Erfolg hat, ließ sich von vornherein nicht entscheiden. Es wurde deshalb beschlossen, in zwei unabhängigen Untersuchungen das gleiche Ziel anzustreben. Von diesen Untersuchungen läuft die nach der Gesamtstrahlungsmethode im Amtsteil Braunschweig, die nach der Teilstrahlungsmethode im Amtsteil Berlin der Physikalisch-Technischen Bundesanstalt.

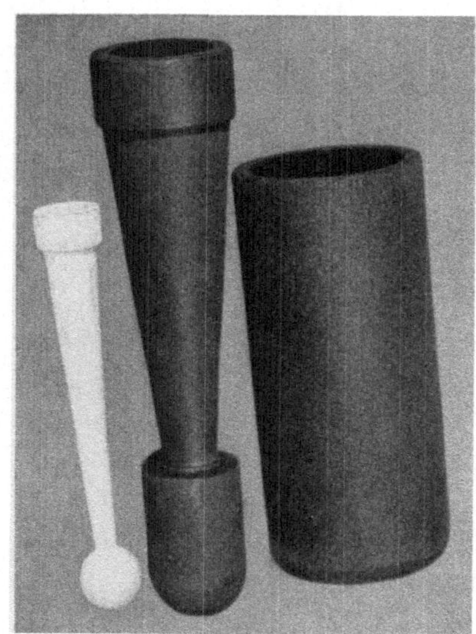

Abb. 2. Tauchkörper aus Marquardt-Masse für Au/Pd 10 mm² strahlende Fläche; Tauchkörper aus Graphit für Au/Al und Au/Sb 100 mm² strahlende Fläche

Im Prinzip gleicht die von uns übernommene Teilstrahlungsmeßmethode der im Gebiete höherer Temperaturen gebräuchlichen optisch-pyrometrischen Bestimmung der Konstanten c_2 aber ihre Durchführung in tieferen Temperaturen erfordert doch wesentlich andere Mittel als in hohen. Da der Anteil sichtbarer Strahlung verschwindend klein ist, müssen statt des Auges Empfänger benutzt werden, die auf UR-Strahlung mit hinreichender Empfindlichkeit ansprechen. Dabei ist aber auch die Intensität der spektral stark eingeengten Strahlung bei den in Betracht kommenden Temperaturen schon so gering, daß beträchtlich größere Strahler benutzt werden müssen und ihre Strahlung mit einem Hohlspiegel auf die Empfangsfläche konzentriert werden muß, um dort eine hinreichend starke Strahlungsdichte zu erhalten.

Zur Festlegung der Temperaturskala muß der eine Fixpunkt der Erstarrungspunkt reinsten Goldes sein. Indessen ist es nicht nötig, für diese Messungen Gold selbst zu nehmen, da glücklicherweise ein recht guter Fixpunkt, der Erstarrungspunkt von Cu in reduzierender Atmosphäre nur 20° oberhalb des Au-Punktes liegt. Seine Temperatur relativ zum Au-Punkt ist gut bekannt, kann aber auch optisch oder thermoelektrisch noch einmal genau bestimmt werden. Als zweiter Fixpunkt eignet sich der Al-Punkt (660,1° C) oder der Sb-Punkt (630,5° C), selbst der S-Siedepunkt

(444,6° C) scheint nach den jüngsten Messungen noch erreichbar
zu sein. Da die Metalle in reduzierender Atmosphäre geschmolzen
werden müssen, befinden sie sich in Tiegeln aus reinstem Graphit,
in denen sie durch Widerstandsheizung auf die Schmelztemperatur
gebracht werden. Als Hohlraumstrahler werden ebenfalls aus Graphit bestehende Tauchkörper benutzt.

Die Meßanordnung sei an Abb. 3 kurz skizziert: Die aus dem
Hohlraumstrahler in geschmolzenem Metall austretende Strahlung
wird von dem Plan-
spiegel auf den Hohl-
spiegel reflektiert und
von diesem auf den
Empfänger mit vor-
geschaltetem Filter
konzentriert. (Zur ge-
nauen Justierung auf
den innersten Hohl-
raum dient ein zen-
trales kleines Loch
im Hohlspiegel.) Der
Planspiegel kann als
„Schaltspiegel" durch
eine sehr präzise Par-
allelführung in den

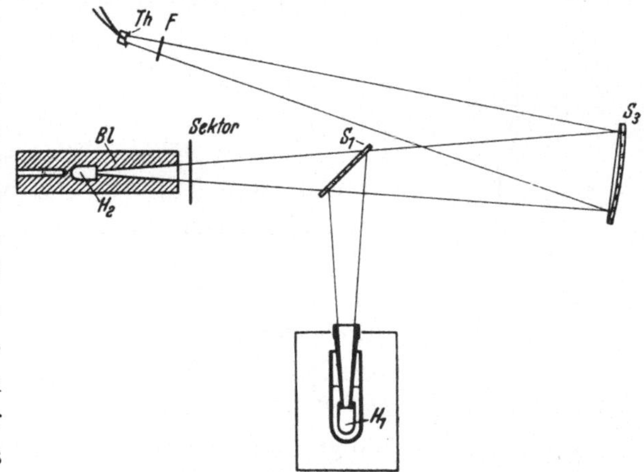

Abb. 3. Die Strahlungs-Meßanordnung. H_1 Hohlraumstrahler im Schmelzmetall; H_2 Hohlraumstrahler im Me-
tallblock B1; S_1 Schaltspiegel; S_3 Hohlspiegel; F Filter;
Th Thermoelement als Strahlungsempfänger

Strahlengang ein- oder aus ihm ausgeschaltet werden, wodurch der
Empfänger im Wechsel Strahlung aus dem Tauchstrahler und aus
einem Vergleichsstrahler empfängt. Dieser Vergleichsstrahler besteht aus einem elektrisch heizbaren massiven Nickelblock mit ein-
gebautem Thermoelement zum Konstanthalten der Temperatur
und einem Hohlraum, der genau dem des Tauchstrahlers gleicht.
Bei der eigentlichen Messung werden Strahlungen unter Betätigung
des Schaltspiegels aufs genaueste gegeneinander abgeglichen, so daß
der Empfänger nur dazu dient, die Gleichheit beider im Wechsel
auffallenden Strahlungen anzuzeigen. Die Strahlungen bei verschiedenen Fixpunkten, deren Intensitätsverhältnis im quasimonochromatischen Strahlungsbereich des Filters bestimmt werden soll,
werden nacheinander in Schmelzöfen unterhalb des Planspiegels
hergestellt. Sobald der Fixpunkt (im allgemeinen der Erstarrungspunkt eines Metalls) erreicht ist, wird die Temperatur des Ver-
gleichsstrahlers so eingeregelt, daß der Empfänger bei Ein- und

Ausschalten des Planspiegels gleiche Strahlungen empfängt. Dabei wird der Vergleichsstrahler bei der höheren Temperatur (z.B. dem Cu-Punkt) direkt abgeglichen, bei der niedrigeren (z.B. dem Al-Punkt) aber unter Vorschalten eines Rotierenden Sektors, der so bemessen ist, daß der Vergleichsstrahler bei der zuerst einge-stellten Temperatur gerade die Strahlung aussendet, die zum Ab-gleich nötig ist. Die Öffnung des Sektors ergibt dann unmittel-bar das zu bestimmende Intensitätsverhältnis.

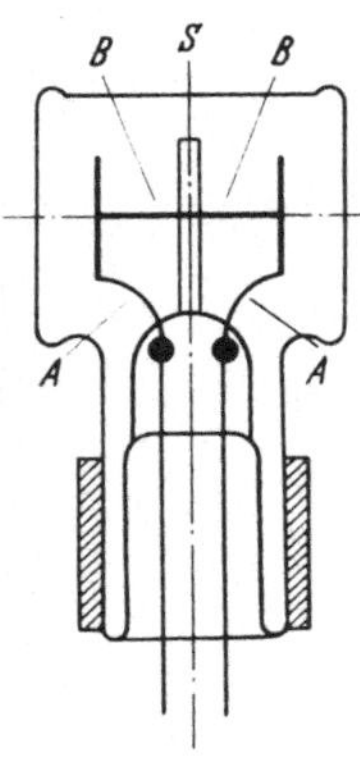

Abb. 4. Kompensie-rendes Differential-Thermoelement

Als Empfänger erwies sich als sehr gut brauch-bar ein Vakuum-Strahlungsthermoelement vom Pyrowerk-Hannover, das nach unserem Vorschlag mit zwei völlig symmetrischen Empfangsflächen versehen war, wodurch der störende Einfluß der Nebenlötstellen weitgehend beseitigt wurde.

Zur Messung der verhältnismäßig kleinen Thermo-kräfte ($\sim 10^{-4}$ V) diente ein Thermorelais-Verstär-ker, der aus einem Gerät von Moll und Burger durch Verbesserung wesentlicher Teile zu einem vorzüglichen Präzisionsgerät entwickelt wurde. Mit dieser Meßeinrichtung konnten Thermospan-nungen bis zu der durch thermische Schwankun-gen bedingten natürlichen Grenze zuverlässig gemessen werden. Bei einer Empfindlichkeit von 1000 Skt/μV und einer Unsicherheit von einigen Skt wurde die erforderliche Genauig-keit voll erreicht.

Die Aussonderung eines geeigneten Spektralbereiches mit wohl-definierter wirksamer Wellenlänge war nicht ganz leicht. Der günstigste Spektralbereich im Hinblick auf die Intensitätsvertei-lung der Strahlung bei den niedrigen Temperaturen und das Auf-treten störender Absorptionsbanden liegt im UR in der Nähe von 1,25 μ. Nach längeren Versuchen mit Absorptions- und Interferenz-filtern und Monochromatoren wurde eine Kombination von zwei Glä-sern gefunden, die einen gut begrenzten Durchlässigkeitsbereich ohne die meist auftretenden gefährlichen Ausläufer im fernen U.R. besaß.

Die gesamte Meßeinrichtung ist in allen Einzelheiten gut durch-gebildet und untersucht worden, so daß schon einzelne Meßreihen damit durchgeführt werden konnten; aber zahlenmäßige Ergebnisse lassen sich noch nicht angeben.

Ebenso konnte auch die in Braunschweig durchgeführte analoge Messung mit Gesamtstrahlung noch nicht abgeschlossen werden.

Dagegen ist die gasthermometrische Neubestimmung des Au-Punktes in Braunschweig beendet worden. Bei ihr wurde eine neue, wesentlich vervollkommnete Methode benutzt, bei der einige Grundfehler der alten Methoden beseitigt werden konnten. Dabei hat sich für den Au-Punkt die Temperatur $1064{,}76 \pm 0{,}1°$ C ergeben, also ein Wert, der um $1{,}76°$ höher liegt als der in der zur Zeit geltenden Temperaturskala. Diese Änderung liegt in dem Sinne, daß die Differenz zwischen dem experimentellen und theoretischen σ-Wert um etwa $\frac{1}{3}$ verkleinert wird. Nun bestehen aber triftige Gründe für die Annahme, daß bei fundamentalen σ-Bestimmungen die nach der Drahtdurchschmelzmethode eingestellte Temperatur infolge eines systematischen Fehlers etwas zu hoch war, d. h. daß der gemessene Wert von σ auch aus diesem Grunde zu hoch ausfallen mußte. Durch beide Korrektionen zusammen würde der Au-Punkt einen Wert erhalten, mit dem der experimentelle Wert von σ dem theoretischen so nahe kommt, daß von einer ernstlichen Diskrepanz nicht mehr gesprochen werden kann.

Natürlich entbindet diese Betrachtung nicht von der Verpflichtung, durch eine neue σ-Bestimmung unter Benutzung aller inzwischen gewonnenen Erfahrungen diese Schlüsse nochmal zu bestätigen. Eine solche Untersuchung ist denn auch bereits in der P.T.B. Braunschweig im Gange.

Versuchen wir nun, uns Rechenschaft zu geben über den derzeitigen Stand der Frage nach den experimentellen Werten für die Strahlungskonstanten, so ergibt sich folgendes Bild:

Durch die neue gasthermometrische Messung der Temperatur des Au-Punktes in Verbindung mit dem wahrscheinlichen Fehler bei der Temperatureinstellung ist die bisher bestehende Diskrepanz zwischen dem experimentellen Wert von σ und dem aus den Atomkonstanten abgeleiteten fast ganz verschwunden.

Für die Konstante c_2 dagegen ist die Lage problematischer geworden als zuvor. Nach der Feststellung, daß die gasthermometrische Skala nach DAY und SOSMAN schon beim Au-Punkt um $1{,}76°$ zu korrigieren ist, muß man erwarten, daß eine ähnliche, wahrscheinlich größere, aber zur Zeit nicht abgebbare Korrektion auch beim Pd-Punkt anzubringen sein wird. Damit ist aber den bisherigen pyrometrischen c_2-Bestimmungen der Boden entzogen; denn aus dem mehrfach und mit hoher Genauigkeit bestimmten Wert des Verhältnisses V monochromatischer Strahlungen bei den beiden Schmelzpunkten, d. h. der Größe $\lambda \cdot \ln V_\lambda$ kann bei der nunmehr herrschenden Unkenntnis der oberen Temperatur kein Wert für c_2 mehr abgeleitet werden.

War bei Beginn unserer Arbeit nur geplant, die Bestimmung von c_2 im Temperaturgebiet oberhalb des Au-Punktes durch analoge Messungen unterhalb dieses Punktes zu ergänzen, so zeigt sich jetzt, daß diese Messungen im Gebiete tieferer Temperaturen allein noch die Gewinnung eines experimentell gesicherten c_2-Wertes erwarten lassen. Damit hat aber unsere Arbeit eine neue, viel weitergehende Bedeutung erlangt.

Eine gasthermometrische Neubestimmung des Pd-Punktes ist nach Ansicht der Herren, die die Messungen beim Au-Punkt gemacht haben, in absehbarer Zeit nicht durchführbar. Und damit erhebt sich die Frage, ob sich nicht auf anderem Wege die Strahlungsmessungen in höheren Temperaturen zur Gewinnung eines sicheren c_2-Wertes auswerten lassen könnten. Eine Möglichkeit dazu böte sich, wenn man die Temperaturen oberhalb des Au-Punktes statt mit dem Gasthermometer durch relative Gesamtstrahlungsmessungen festlegen würde. Die Methode käme darauf hinaus, das Plancksche Gesetz mit dem Stefan-Boltzmanschen zu kombinieren, wobei die Konstante σ herausfällt. Sind V_G und V_λ die gemessenen Intensitätsverhältnisse der Gesamtstrahlung und der monochromatischen Teilstrahlung bei den gleichen Fixpunkten der Temperatur, so wird

$$c_2 = T_1 \frac{\lambda \cdot \ln V_\lambda}{1 - V_G^{-\frac{1}{4}}},$$

worin T_1 die gasthermometrisch festgelegte Temperatur des einen Fixpunktes (Goldpunktes) ist.

Vom Standpunkt der experimentellen Grundlagenforschung wäre es natürlich von größter Bedeutung, die Konstante c_2 aus Messungen in einem möglichst weiten Temperaturbereiche zu bestimmen, wobei durch Unterteilung der Gebiete auch festzustellen wäre, ob sich die Größe in der zugrunde gelegten Temperaturskala auch wirklich als konstant erwiese. Es wird Aufgabe der Laboratorien sein, die sich mit der Grundlagenforschung befassen, nicht zu ruhen, bis eine völlig befriedigende Lösung aller hierhergehörenden Fragen erreicht ist. Inzwischen wird man sich bei allen praktischen Anwendungen auch auf dem Gebiete der Astronomie, der Internationalen Temperaturskala als eines konventionellen Maßstabes bedienen und in den Laboratorien und Forschungsstätten, die sich solchen Aufgaben widmen, nur bestrebt sein, sie in einer für sie geeigneten Form zu verwirklichen.

A. Unsöld (Kiel): Theorie der kontinuierlichen Sternspektren. (Zusammenfassung.)

1. Strahlungsintensität, Strahlungsstrom und Ergiebigkeit

Ist $S(\tau)$ die „Ergiebigkeit" (Emission je cm$^3 \cdot$ ster) einer Sternatmosphäre in der optischen Tiefe $\tau = \int_{-\infty}^{t} \varkappa\, dt$ für eine bestimmte Frequenz ν, so wird die Intensität der an der Sternoberfläche unter dem Winkel ϑ zur Normalen austretenden Strahlung $I(0, \vartheta)$ bzw. der entsprechende Strahlungsstrom $\pi F(0)$

$$I(0, \vartheta) = \int_0^\infty S(\tau)\, e^{-\tau \sec \vartheta}\, d\tau \sec \vartheta \quad \text{bzw.} \quad \pi F(0) = 2\pi \int_0^\infty S(\tau) \cdot K_2(\tau)\, d\tau$$

(K_2 bedeutet die zweite Integralexponentialfunktion). Hat man keine Streuung, so wird $S(\tau)$ gleich der Kirchhoff-Planck-Funktion für die lokale Temperatur T.

2. Kontinuierliche Absorption und Streuung

Zur kontinuierlichen Absorption in Sternatmosphören tragen bei die Atome bzw. Ionen von Wasserstoff, Helium und den Metallen; sodann das negative Wasserstoffion H^- und — in geringerem Umfang — das Wasserstoffmolekülion H_2^+. Streuprozesse liefern die freien Elektronen (Thomson-Streuung) und die Wasserstoffatome (Rayleigh-Streuung). Von letzteren erlangt nur die Thomson-Streuung in den Atmosphären heißer Übergiganten größere Bedeutung.

3. Temperatur- und Druckschichtung. Modelle von Sternatmosphären

Die Temperaturschichtung $T(\bar\tau)$ — die optische Tiefe $\bar\tau$ bezieht sich auf den Rosselandschen Mittelwert des Absorptionskoeffizienten $\varkappa$, die sog. Opazität $\bar\varkappa$ — ist zu berechnen mit Hilfe der Theorie des Strahlungsgleichgewichtes. Dabei ist nach unseren Erfahrungen von vornherein die Wellenlängenabhängigkeit des Absorptionskoeffizienten zu berücksichtigen („nichtgraues" Strahlungsgleichgewicht). Für den O9V-Stern 10 Lacertae mit der effektiven Temperatur $T_e = 37\,450°$ K z. B. findet man nach G. Traving

In der optischen Tiefe $\bar\tau =$	0,0	0,1	0,5	1,0
„Graues" Strahlungsgleichgewicht (exakt gerechnet)	30 400°	32 200°	36 300°	39 800°
„Nichtgraues" Strahlungsgleichgewicht (Kontinuum)	27 700°	33 500°	39 800°	43 500°

Berücksichtigt man überdies den Strahlungsaustausch in den Lyman-Linien, so erhält man von $\bar\tau = 0,01$ bis $0,00$ einen noch viel stärkeren Temperaturabfall auf $T(\bar\tau = 0) = 17\,900°$ K, der für die

Deutung der Zentralintensitäten starker Linien durchaus wesentlich ist. — Bei kühleren Sternen spielt auch der Energietransport durch Konvektion eine Rolle.

4. Vergleich von Beobachtung und Theorie

Die — im einzelnen recht mühsame — Durchführung der Theorie liegt bis jetzt — abgesehen von der Sonne — vor für die Sterne (die effektiven Temperaturen T_e und die Schwerbeschleunigung g sind aus den Analysen der Spektren selbst bestimmt; dies ist wichtig zu bemerken):

10 Lacertae	O9V	$T_e = 37\,450°$	$\log g = 4,45$	G. Traving
τ Scorpii	B0V	$T_e = 32\,800°$	$\log g = 4,45$	
ζ Persei	B1Ib	$T_e = 27\,200°$	$\log g = 3,6$	R. Cayrel
α Lyrae	A0V	$T_e = \ 9\,500°$	$\log g = 4,4$	K. Hunger

Bei A0 liefert die Theorie für $\bar\lambda = 4100,\ 5300,\ 7100\ \text{Å}$ die Farbtemperaturen $16\,200°$, $15\,500°$ und $13\,000°$. Die Messung ergibt im Bereich $4000 < \lambda < 6300\ \text{Å}$ den ebenfalls weit über T_e liegenden Wert von $15\,500°$ K.

Auch die Intensitätssprünge $D = \Delta \log_{10} F$ stimmen mit den Messungen von Chalonge u. a. gut überein:

Balmergrenze	D_{ber} 0,49	Paschengrenze	D_{ber} 0,08
	D_{beob} 0,52		D_{beob} 0,09

Bei den B- und O-Sternen macht die Berücksichtigung der interstellaren Verfärbung erhebliche Schwierigkeiten. Als Kriterium sollte man die interstellaren Linien und Bänder mit heranziehen.

Bei fast allen Sternen ist die Bestimmung des „wahren" Kontinuums bzw. die Elimination der Linien ein schwieriges Problem. Die spektralphotometrischen Untersuchungen bei mäßiger Dispersion müssen durch Linienmessungen an Coudé-Spektren größter Dispersion ergänzt werden.

5. Offene Probleme

Unerklärt dürften zur Zeit wohl noch sein:

a) Das Zustandekommen der Turbulenz (die auch mit Energietransport verbunden ist) bei heißen Giganten und Übergiganten.

b) Der (vielleicht magnetohydrodynamische) Mechanismus, welcher in den Fackeln und Flares der Sonne vorwiegend die hohen Schichten überhitzt. Dieser Mechanismus scheint in kühleren Sternen eine immer größere Rolle zu spielen.

c) Die von B. Lindblad entdeckte Absorption, welche sich in M-Zwergen an die Linie CaI 4227 vorwiegend nach größeren Wellenlängen bis $\sim 4600\ \text{Å}$ anschließt.

H. Siedentopf (Tübingen): Der Informationsgehalt von Sternspektren bei photographischer und bei lichtelektrischer Beobachtung.

Eine Anwendung der Informationstheorie auf Fragen der astronomischen Spektral-Photometrie wird an Hand eines konkreten Beispiels betrachtet.

Ein Stern der photographischen Größenklasse $7^{\mathrm{m}}5$ liefert bei Benutzung eines 1 m-Spiegels hinter dem Spalt des Spektrographen im Wellenlängenbereich zwischen 4000 und 5000 Å insgesamt $B \approx 3 \cdot 10^6$ Lichtquanten je Sekunde. Das Spektrum in der Fokalfläche des Spektralapparates habe die Intensitätsverteilung $i(x)$ zwischen $x = 0$ und $x = l$ (l Länge des Spektrums zwischen den genannten Wellenlängen). Wenn die Fouriertransformierte von $i(x)$, die Funktion

$$\Phi(\nu) = \int\limits_0^l i(x)\, e^{-j2\pi\nu x}\, dx$$

keine Frequenzen $\nu \geq W$ enthält, ist nach dem Probensatz der Informationstheorie die Intensitätsverteilung $i(x)$ eindeutig bestimmt durch eine Folge äquidistanter Werte im Abstand $\varepsilon = \frac{1}{2}W$. Der Wert von ε hängt ab vom Auflösungsvermögen des Spektralapparates, er ergibt die Zahl der Plätze $p = l/\varepsilon$ im betrachteten Spektralbereich, an denen voneinander unabhängige Intensitätsmessungen möglich sind. Die Zahl k der Energiestufen je Platz beträgt

$$k = 1 + \alpha\, \frac{E}{R}\,,$$

wobei E die je Platz verfügbare Energie, R die im Idealfall lediglich von Schwankungserscheinungen herrührende Rauschenergie bedeutet. Der Zahlenwert des Faktors α hängt ab von der geforderten Wahrscheinlichkeit dafür, daß ein Meßwert innerhalb der Stufenhöhe liegt. Fordern wir eine Wahrscheinlichkeit von 90 %, so wird $\alpha = 0,3$. Bei insgesamt B Lichtquanten je Sekunde im betrachteten Spektralbereich wird damit

$$k \approx 0,3 \sqrt{B \frac{\varepsilon}{l} t}\,,$$

wenn t die Beobachtungsdauer. Für die Zahl Z der Informationseinheiten im Spektrum folgt dann

$$Z = p\, ld\, k \approx \frac{l}{\varepsilon}\, ld\, 0,3 \sqrt{B \frac{\varepsilon}{l} t}\,,$$

wenn wir mit ld den Logarithmus zur Basis 2 bezeichnen. Für das gewählte Beispiel ergibt sich bei einem Auflösungsvermögen von 1 Å ($\varepsilon = 50\,\mu$ im $l = 50$ mm langen Spektrum) und eine Beobachtungszeit von 1000 sec

$$Z \approx 1000\,ld\,0{,}3\sqrt{3 \cdot 10^6 \cdot 10^{-3} \cdot 10^3} \approx 9000 \text{ bits}.$$

Die dabei benutzte Einheit für die Information 1 bit entspricht dem Informationsgewinn durch eine Beobachtung, die über 2 Möglichkeiten mit je 50% apriori-Wahrscheinlichkeit entscheidet. Zum Vergleich sei angeführt, daß bei einem Telefongespräch bei 3500 Hz Bandbreite und 32 unterscheidbaren Intensitätsstufen $7000\,ld\,32 = 35\,000$ bits je Sekunde übertragen werden können. Beim Fernsehbild sind je Sekunde sogar etwa $5 \cdot 10^7$ bits erforderlich. Gegenüber den Aufgaben der Informationsübertragung in der Nachrichtentechnik handelt es sich also bei der astronomischen Spektralphotometrie um eine sehr langsame Übertragung einer verhältnismäßig geringen Zahl von Informationseinheiten. Der Grund dafür liegt in der geringen Energie, die bei astronomischen Objekten zur Verfügung steht.

Beim photographischen Prozeß wird die Zahl der unterscheidbaren Schwärzungsstufen durch das von der Körnigkeit der Schicht herrührende „Rauschen" bestimmt, die Zahl der Plätze im Spektrum durch das im wesentlichen vom Diffusionslichthof begrenzte Auflösungsvermögen der Schicht. Die Schwärzungsschwankung infolge Körnigkeit läßt sich darstellen durch die Formel

$$\sigma(S) = \pm\,0{,}7\sqrt{S\frac{F}{\bar f}}.$$

Darin ist S die Schwärzung, F die Meßoberfläche und $\bar f$ die mittlere Kornfläche. Diese 1937 von H. Siedentopf angegebene und geprüfte Formel konnte durch neue Messungen am Tübinger Astronomischen Institut (H. R. Giese und H. Siedentopf, Optik im Ersch.) gut bestätigt werden. Für den photometrisch brauchbaren Teil der Schwärzungskurve im Bereich $0{,}3 < S < 1{,}5$ folgt dann mit $\alpha = 0{,}3$ wie oben die Zahl der unterscheidbaren Schwärzungsstufen

$$k_1 \approx \frac{\sqrt{F}}{\bar d}\,,$$

wenn mit $\bar d$ der mittlere Korndurchmesser bezeichnet wird.

Das Auflösungsvermögen der photographischen Schicht läßt sich am besten durch den Amplitudenverlust aufgeprägter sinusförmiger Intensitätsverteilungen verschiedener Wellenlänge ausdrücken. Bei nicht zu starken Kontrasten, d. h. solange man die Schwärzungskurve als gradlinig ansehen kann, wird bei einem Sinusraster mit n Schwingungen je Längeneinheit die Amplitude der Schwärzungsverteilung in erster Näherung auf den Bruchteil

$$\beta = \frac{1}{1 + (2\pi n s)^2}$$

verkleinert. Dabei ist s eine das betreffende Aufnahmeverfahren (Plattensorte, Wellenlänge der auffallenden Strahlung, Entwicklung usw.) charakterisierende Diffusionskonstante. Nach Messungen von H. R. GIESE ergaben sich Amplitudenverluste von 10% und 50% ($\beta = 0,9$ bzw. 0,5) bei 3 verschiedenen Plattensorten für die in der nebenstehenden Tabelle angegebenen Rasterwellenlängen. Wir rechnen danach für unser Beispiel mit einer Auflösungsgrenze

Amplitudenverlust
und Rasterwellenlänge

$\bar{d}$ \\ β	0,9	0,5
2,5 µ	109 µ	52 µ
1,5 µ	92 µ	39 µ
0,6 µ	69 µ	23 µ

$\varepsilon_1 = 80\,\mu$ entsprechend einem Amplitudenverlust von rund 20% bei einer hochempfindlichen, grobkörnigen Platte, der sich rechnerisch noch gut korrigieren läßt.

Für die Zahl der in der Schwärzungsverteilung enthaltenen Informationen Z_1 ergibt sich dann

$$Z_1 \approx \frac{l}{\varepsilon_1}\, ld\, \frac{\sqrt{F}}{\bar{d}}\,.$$

Mit $F = 10^4\,\mu^2$ entsprechend einer Breite des Spektrums von 0,125 mm und einem mittleren Korndurchmesser $\bar{d} = 2\mu$ erhalten wir

$$Z_1 \approx 625\, ld\, 50 = 3570\ \text{bits}\,.$$

Es tritt also durch den photographischen Prozeß ein erheblicher Informationsverlust ein, der, wie ein Vergleich mit Z zeigt, hauptsächlich von der begrenzten Zahl der unterscheidbaren Schwärzungsstufen herrührt.

Durch zweckmäßige Anpassung des Spektralapparates an die photographische Schicht läßt sich der Informationsverlust gegenüber dem betrachteten Beispiel verkleinern; es kommt darauf an, die Dispersion und die Verbreiterung des Spektrums geschickt zu wählen. Dabei ist ferner zu prüfen, ob eine ausreichende Schwärzung erreicht wird. Bei Belichtungszeiten von der Größenordnung

100 sec bis einige 1000 sec, wie sie bei Aufnahmen von Sternspektren benutzt werden, sind zur Erreichung einer Schwärzung $S \approx 1$ bei hochempfindlichen Schichten 200 bis 1000 $h\nu$ je μ^2 erforderlich, d. h. rund $5 \cdot 10^6\, h\nu$ für das Bildelement $F = 10^4\, \mu^2$ unseres Beispiels. Das stimmt mit der Zahl der Lichtquanten überein, die bei 1000 sec Belichtungszeit und der angenommenen Sternhelligkeit $B = 3 \cdot 10^6\, h\nu/\text{sec}$ für jeden der $p_1 = \dfrac{l}{\varepsilon_1} = 625$ unterscheidbaren Plätze im Spektrum verfügbar ist.

Bei der Registrierung der Schwärzungsverteilung im Spektrum braucht kein Informationsverlust aufzutreten. Die Breite des Registrierspaltes kann klein im Vergleich zu ε_1 sein, und die Intensität des die Platte durchsetzenden Lichtbündels kann so groß gemacht werden, daß das Rauschen der Abtastanordnung gegenüber dem Körnigkeitsrauschen zu vernachlässigen ist. Für den Schreiber ist zu fordern, daß seine Einstellgenauigkeit an k_1 angepaßt ist. Im allgemeinen dürften 100 unterscheidbare Ordinatenstufen, d. h. Güteklasse 1, ausreichend sein. Die Zeitkonstante der Registrieranordnung sollte zur Erreichung einer möglichst hohen Registriergeschwindigkeit sehr klein sein, jedenfalls kleiner als bei Potentiometerschreibern. Bei einer geforderten Registrierdauer von 30 sec für ein Spektrum mit rund 1000 Plätzen ist eine Zeitkonstante von etwa 1/50 sec nötig, wie sie von verschiedenen im Handel erhältlichen Schreibern ohne weiteres erreicht wird.

Wird die Intensitätsverteilung $i(x)$ im Sternspektrum direkt photoelektrisch registriert, so ist bei einer Quantenausbeute γ die je Platz vorhandene Zahl ausgelöster Photoelektronen

$$n_e = \gamma \cdot B \cdot \frac{\varepsilon}{l} \cdot \frac{\varepsilon}{l}\, t\,.$$

Der letzte Faktor $\dfrac{\varepsilon}{l}\, t$ ist die für einen einzelnen Platz verfügbare Meßdauer. Daraus folgt die Zahl der unterscheidbaren Intensitätsstufen je Platz

$$k_2 \approx \sqrt{\gamma \cdot \frac{\varepsilon}{l}} \cdot k\,.$$

Bei einer Quantenausbeute $\gamma = 0,15$ und einer an das Auflösungsvermögen des Spektralapparates angepaßten Platzanzahl $p_2 = l/\varepsilon = 1000$ wird $k_2 \approx 0,012\, k$, d. h. die direkte lichtelektrische Registrierung ist bei einem so hohen Auflösungsvermögen nicht durchführbar. In unserem Beispiel mit $B = 3 \cdot 10^6\, h\nu/\text{sec}$ wird $n_e = 450$ und $k_2 \approx 6,3$, da je Platz nur eine Meßdauer von 1 sec zur

Verfügung steht. Erst bei Anwendung von Speicherverfahren wird sich eine direkte Registrierung von Sternspektren durchführen lassen. Dabei sind aber Speicherzeiten von der Größenordnung 100 bis 1000 sec erforderlich, wenn ein Gewinn an Meßgenauigkeit gegenüber der photographischen Methode erreicht werden soll. Die Entwicklung derartiger Speicherröhren würde für viele Aufgaben der astronomischen Photometrie von großer Bedeutung sein.

Eine hinreichend starke Herabsetzung der Platzanzahl im Spektrum macht die photoelektrische Photometrie der photographischen auch ohne Speicherung überlegen. Für unser Beispiel läßt sich abschätzen, daß diese Grenze bei $p < 15$ erreicht wird. Bei der Benutzung von Interferenzfiltern mit Durchlaßbreiten von 150 bis 200 Å, z. B. bei Registrierung des Sternspektrums mit Hilfe eines Interferenz-Verlauffilters empfiehlt sich also die lichtelektrische Methode. Bei der Beschränkung auf die Bestimmung von Farbenindizes durch eine Dreifarben-Photometrie $p = 3$ gibt die photoelektrische Methode eine wesentlich höhere Genauigkeit als die photographische. Eine Apparatur, bei der die Sternhelligkeiten in 3 Farbbereichen nach der Methode der Lichtquantenzählung in 3 Zählkanälen gleichzeitig gemessen werden, ist an der Tübinger Sternwarte in Vorbereitung.

Eine ausführlichere Darstellung der in diesem Bericht angedeuteten Möglichkeiten zur Anwendung der Informationstheorie auf die Spektralphotometrie soll in der Zeitschrift „Optik" erscheinen.

J. Wempe (Potsdam): Über den Einfluß der spektralen Auflösung auf die scheinbare Intensitätsverteilung im kontinuierlichen Spektrum. (Mit 3 Textabbildungen.)

Da sich dem kontinuierlichen Spektrum der Sterne eine wechselnde Anzahl von Absorptionslinien überlagert, hängt die scheinbare Intensitätsverteilung von der spektralen Auflösung der Meß-

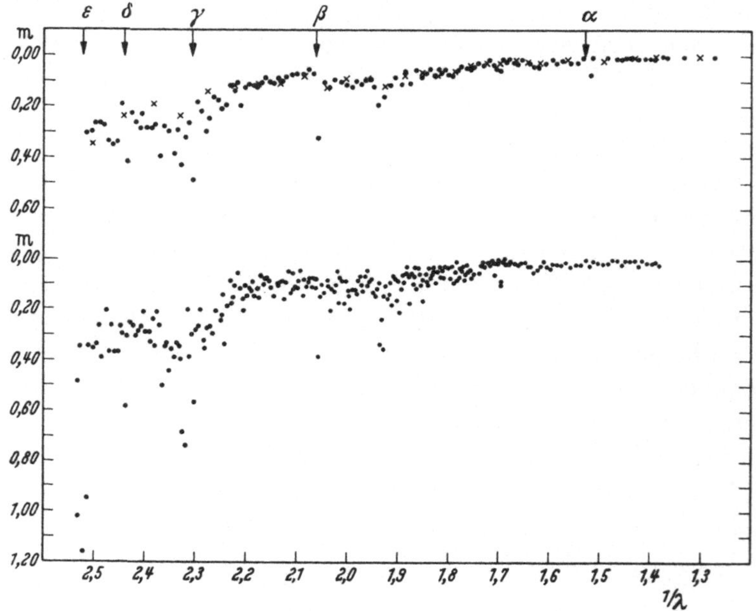

Abb. 1. Scheinbare Depression (in Größenklassen) des kontinuierlichen Spektrums der Sonne durch die Gesamtabsorption der nicht-aufgelösten Fraunhoferlinien. Obere Reihe: • Äquivalentbreiten aus Messungen von ALLEN nach Reduktion von WEMPE [1]; × Ergebnisse von MULDERS. Untere Reihe: • Gesamtabsorption aus den Registrierungen des Utrechter Sonnen-Atlas nach WEMPE [1]

anordnung ab. Die Depression des scheinbaren Kontinuums wird am besten durch Messung der Äquivalentbreiten aller Absorptionslinien in Spektren hoher Auflösung und durch Summierung dieser Beträge über endliche Spektralbereiche, z. B. von einigen mμ Breite entsprechend der bei Objektivprismen erreichbaren Auflösung, bestimmt. Derartige Messungen liegen bisher nur für die Sonne (vgl. z. B. [1]) und für einige helle Sterne [2] vor. Beschreibt man die spektrale Intensitätsverteilung in bekannter Weise durch den Gradienten $\Phi = c_2/T \cdot (1 - e^{c_2/\lambda T})^{-1}$, was in beschränkten Spektralbereichen erfahrungsgemäß stets mit guter Näherung möglich ist, so beträgt die Differenz zwischen der total verschmierten und der optimal aufgelösten Intensitätsverteilung der Sonne $\Delta\Phi = 0,15$ (vgl. Abb. 1). Selbst bei linienarmen Spektren tritt eine merkliche Änderung des scheinbaren Gradienten ein (z. B. bei α Cyg, A 2, $\Delta\Phi = 0,07$ nach den Angaben in [3]); bei den linienreicheren Spektraltypen F

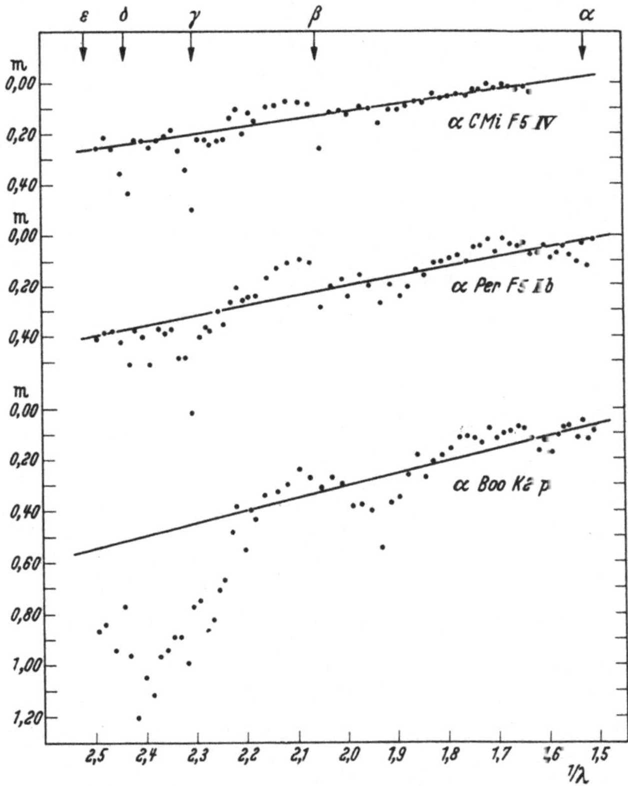

Abb. 2. Änderung der scheinbaren spektralen Intensitätsverteilung durch Linienverschmierung bei Sternen (nach [3])

bis K wächst dieser Betrag auf etwa 0,3 bis 0,45 an. Ferner treten bei diesen Spektraltypen, insbesondere bei Sternen hoher Leuchtkraft, in der scheinbaren Intensitätsverteilung des verschmierten Kontinuums charakteristische Depressionen, z. B. oberhalb von $H\beta$ ($\lambda > 500\,\text{m}\mu$) auf, die aus den mit geringer Auflösung durchgeführten spektralphotometrischen Untersuchungen an Sternen (z. B. [4]) seit langem bekannt sind. Soweit der Gesamtbetrag der Linienabsorption bei einzelnen Sternen bekannt ist (vgl. Abb. 2), läßt er eine quantitative Deutung des beobachteten Verlaufs zu.

übersteigen, und sie sind auch größer als die zulässige Grenze der systematischen Fehler in dem zu Anfang skizzierten Beobachtungsproblem. Ähnliches gilt auch für das ganze Linienprofil, das für die beiden Grenzfälle für ein Beispiel in Abb. 4 dargestellt ist. Dabei ist noch zu beachten, daß das Integral über das Profil für

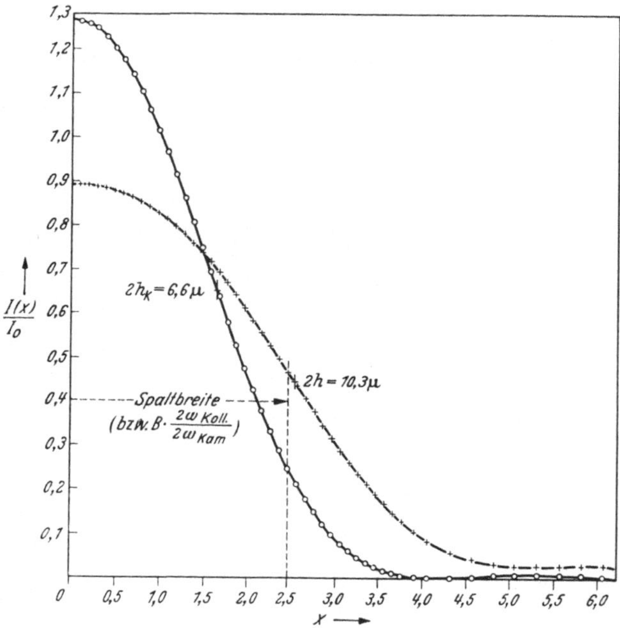

Abb. 4. Beugungsbild einer monochromatischen Spektrallinie an quadratischer Blende l. Öffnung: 1:20; Spaltbreite 10 μ; $\lambda = 3200$; $x = \pi\,\frac{z}{\lambda}\cdot 2\,\omega_{\text{Koll.}} = 0{,}49\,\frac{z}{[\mu]}$ (z = lineares Maß in der Bildebene); $+$ inkohärente Spaltbeleuchtung; $\bigcirc$ kohärente Spaltbeleuchtung

beide Fälle nicht dasselbe ist. Ferner ist noch die verhältnismäßig große Intensität an den Linienflügeln im inkohärenten Fall bemerkenswert.

Die übrigen oben genannten Beleuchtungsarten in Abb. 1 und 2 werden — wie schon früher bei Fall I 1 a bemerkt — in der Mitte zwischen dem kohärenten und inkohärenten Fall liegen, wenn auch meistens näher dem letzteren. Eine allgemeine geschlossene Darstellung lohnt nicht, da ja die wirklichen Beugungsprofile wegen des Einflusses der unvermeidlichen Fehler der Spektrographenoptik (Genauigkeit der Fläche usw.) kaum rechnerisch zu erfassen sind. Wohl aber sollte in einzelnen speziellen Fällen, wo es auf hohe optische Konstanz ankommt, der Einfluß der Spaltbeleuchtung kante von Mg I an dieser Stelle im Zusammenhang mit einer Deutung der starken Emissionslinie λ 6318 Å vermutet worden. Aus spektralphotometrischen Beobachtungen in Göttingen und Jena, die in den Jahren 1930—1934 bzw. 1942, also vor und nach den stärkeren Helligkeitsänderungen des Sterns angestellt wurden, geht diese vermutete Absorptionskante deutlich hervor (Abb. 3). Eine Übertragung dieser Interpretation auf den auch bei anderen B-Sternen hoher Leuchtkraft beobachteten Verlauf ist naheliegend.

Unabhängig von der Deutung dieser Welle als Absorptionskante[1], die hier als Beispiel einer nur bei hinreichender Auflösung und Meßgenauigkeit bemerkbaren Eigenart der spektralen Intensitätsverteilung angeführt wurde, sei noch auf ihre Auswirkung bei der Ableitung der Wellenlängenabhängigkeit der interstellaren Absorption hingewiesen. Vergleicht man die scheinbare spektrale Intensitätsverteilung eines fernen verfärbten B-Sternes hoher Leuchtkraft mit der eines wesentlich näheren B-Sternes geringerer Leuchtkraft, so würde sich die Nichtbeachtung eines Leuchtkraft-Effektes in der genannten Anomalie der wahren Intensitätsverteilung fälschlich als scheinbare Welle im spektralen Verlauf des interstellaren Absorptionskoeffizienten auswirken[2].

Schließlich sei noch auf eine Darstellung der total verschmierten Intensitätsverteilung der Sterne in einem breiten Spektralbereich hingewiesen, die demnächst von E. LAMLA (Potsdam) veröffentlicht wird.

Literatur

[1] WEMPE, J.: Die Gesamtabsorption der Fraunhoferschen Linien im Sonnenspektrum. Astron. Nachr. **275**, 97 (1947) = Mitt. Astrophys. Obs. Potsdam Nr. 23. — [2] HILTNER, W. A., and R. C. WILLIAMS: Photometric Atlas of Stellar Spectra. Ann Arbor 1946. — [3] MILFORD, N.: Monochromatic Stellar Fluxes: I. Line absorption in stellar spectra. Ann. d'Astrophys. **13**, 243 (1950). — [4] KIENLE, H., H. STRASSL u. J. WEMPE: Die relative Energieverteilung im kontinuierlichen Spektrum von 36 Fundamentalsternen. Z. Astrophysik **16**, 201 (1938) = Veröff. Univ.-Sternw. Göttingen Nr. 50. — [5] CHERRINGTON JR., E.: An investigation of the spectrum of γ Cassiopeiae in the visual region. Contr. Perkins Obs. Nr.11 (Bd. I, S. 257 bis 315), 1938.

---

[1] Die Deutung als Absorptionskante von Mg I durch Ionisation aus dem Niveau $4\,^3S_1$ gewinnt dadurch an Wahrscheinlichkeit, daß die Übergänge $4\,^3S_1 \rightarrow 7\,^3P^0_{0,1}$ (λ 5785) und $4\,^3S_1 \rightarrow 5\,^3P^0_2$ (λ 7658) im Spektrum von γ Cas beobachtet sind.

[2] Eine Untersuchung dieses Effektes wird zur Zeit durch Frl. L. OETKEN in Potsdam durchgeführt.

H. K. Paetzold und **H. Zschörner** (Weißenau): Zum Einfluß des Spektralapparates auf Intensitätsmessungen bei Spektrallinien. (Mit 4 Textabbildungen.)

Untersuchungen über Temperaturmessungen des atmosphärischen Ozons mit Hilfe der Temperaturveränderlichkeit der Hugginsbanden [1] führten zu einer eingehenderen Diskussion des Einflusses der Apparatefunktion auf das Profil von Fraunhoferlinien im Sonnenspektrum, über die hier kurz berichtet werden soll. Das Ozon besitzt bekanntlich im Spektralgebiet von 3300 bis 3100 Å Elektronenrotationsschwingungsbanden, die sog. Hugginsbanden, deren Rotationsstruktur nicht aufzulösen ist. Die mit der Temperatur variierende Besetzung des Rotationsniveaus macht sich in einem Temperaturgang des Unterschiedes zwischen Absorptionsmaxima und -minima bemerkbar. Die Halbwertsbreite der Banden beträgt etwa 10 Å. Der Unterschied zwischen Maxima und Minima ist nicht sehr groß, indem er bei 0° C intensitätsmäßig nur etwa 25 % bei 1 cm effektiver Schichtdicke des Ozons ausmacht. Auch die Temperaturempfindlichkeit ist nur schwach, indem bei der günstigsten Bande (bei 3239 Å) eine Temperaturerniedrigung von 1° nur eine Vergrößerung des Intensitätsunterschiedes zwischen Maxima und Minima von knapp 1 %, wieder bei 1 cm Ozon, bewirkt.

Um die Frage zu entscheiden, ob durch die bei Sonneneruptionen verstärkte solare ultraviolette Strahlung die Temperatur der atmosphärischen Ozonschicht merklich erhöht wird, was für das Problem eines etwaigen solaren Einflusses auf das Wetter wichtig wäre, mußten die Hugginsbanden im Sonnenlicht untersucht werden. Temperaturmessungen des Ozons mit den Hugginsbanden in kontinuierlichen ultravioletten Spektren heißer Sterne bieten weiter keine Schwierigkeiten [2]. Anders liegen jedoch die Verhältnisse bei der verhältnismäßig kühlen Sonne. Hier häufen sich am ultravioletten Ende des Spektrums die Fraunhoferlinien so stark, daß bekanntlich das echte Kontinuum nur noch bei 3300 Å in einem sehr schmalen Spektralbereich zu erfassen ist. Die durch die Fraunhoferlinien verursachten Intensitätsschwankungen sind wesentlich stärker als die oben angegebenen Intensitätsunterschiede zwischen Maxima und Minima der Hugginsbanden. Dabei ist noch zu bedenken, daß die senkrecht durchstrahlte atmosphärische Ozonschicht nur 0,25 cm stark ist, so daß 1 cm effektive Schichtdicke bei tiefstehender Sonne erreicht wird.

Man kann das vorliegende Problem anschaulich demnach etwa so beschreiben: es soll der Verlauf der Hugginsbanden des atmosphärischen Ozons sehr genau gemessen werden, dem aber ein sehr starkes „Rauschen" des Untergrundes überlagert ist, das die zu messenden Schwankungen weit überwiegt. Dafür mußte das Rauschen konstant gehalten werden, d. h. die durch die Apparatefunktion des benutzten Spektralapparates mitbestimmten Profile I (λ) der Fraunhoferlinien sollten keine Veränderungen größer als 0,5 % zwischen den einzelnen Messungen aufweisen.

Allgemein sind die wirklich beobachteten Linienprofile I (λ) komplexer Natur, indem gilt:

$$I(\lambda) = f\big(i(\lambda),\ A(\lambda),\ E(\lambda)\big),$$

wobei $i(\lambda)$ das wahre Linienprofil, $A(\lambda)$ die Apparatefunktion und $E(\lambda)$ eine durch den Empfänger bestimmte Funktion sind.

Es war aufschlußreich, wie stark der Untergrund verfälschend an sich auf den Temperatureffekt der Hugginsbanden einwirkt. Dieser wurde mittels eines mit etwas Ozon gefüllten Absorptionsrohres, das auf verschiedene Temperaturen gebracht werden konnte, einmal im Wasserstoffkontinuum und zum anderen im Sonnenlicht gemessen mit zwei Spektrographen von verschiedener spektraler Dispersion [1].

Tabelle 1. *Temperaturempfindlichkeit β der Hugginsbanden bei 2 Spektrographen. Spektrograph I: 54 Å/mm, Spektrograph II: 31 Å/mm*

Bande (min)	3328	3299	3268	3229	3206	3190	3167	Å
$\beta_{\text{(Sonnenlicht)}}$	0,92	1,08	1,17	0,50	0,57	1,04	1,16	Spektrogr. I
$\beta_{\text{(H-Kontinuum)}}$	1,60	2,20	0,87	1,02	1,50	0,91	1,45	Spektrogr. II

In der Tabelle 1 ist das gemessene Verhältnis Temperatureffekt (Sonnenlicht)/Temperatureffekt (H-Kontinuum) wiedergegeben.

Für die einzelnen Banden ergeben sich danach erhebliche Unterschiede bei beiden Spektralapparaten. Derartige Messungen sind also nur sinnvoll, wenn einheitlich mit einem entsprechend kalibrierten Spektralapparat gearbeitet wird.

Den Einfluß der Apparatefunktion $A(\lambda)$ wird man zweckmäßigerweise in einen geometrisch-optischen und einen wellenoptischen Anteil zerlegen. Der erstere wird bestimmt durch die Abbildungsgüte der benutzten Spektraloptik und durch die Lage der Fokalebene. Die Forderung der Konstanz der Abbildungsgüte kann unschwer erfüllt werden, wenn man vermeidet, die relative Öffnung der Optik etwa aus Intensitätsgründen zu variieren. Die Innehaltung der Fokalebene bietet ungleich größere Schwierigkeiten. Bei dem hier benutzten Spektralapparat II, der eine Kamerabrennweite von 400 mm bei einer relativen Öffnung von 1:20 besitzt, mußte die Lage der Fokalebene auf 0,01 mm garantiert sein. Dies bedeutet u. a. eine Temperaturkonstanz des Apparates bis auf 0,5°C.

In Tabelle 2 ist dieser Einfluß der Spektrographentemperatur auf die Intensität I in der Linienmitte von Fraunhoferlinien verschiedener Tiefe mit einer Halbwertsbreite von 0,5 Å für den obigen

Tabelle 2. *Einfluß der Spektrographentemperatur ϑ auf die gemessene Ozontemperatur ϑ_{O_3}.* I: Intensität in der Linienmitte; a: Absorption der Linie, Linienbreite 0,5 Å

$\Delta\vartheta$	1°	5°	10°	
$\dfrac{\Delta I}{I}$	0,017	0,43	1,8 %	$a = 50\%$
	0,068	1,72	7,2 %	$a = 80\%$
$\Delta\vartheta_{O_3}$	0,3	6,9	29 °C	$a = 50\%$
	1,1	27,5	115 °C	$a = 80\%$

Spektrographen II als Beispiel gegeben. Danach bewirken schon mäßige Temperaturvariationen des Spektrographen merkliche Intensitätsschwankungen, die für das vorliegende Problem der zu messenden Ozontemperatur ϑ nach den beiden letzten Zeilen untragbar sind.

Bei einer solchen Genauigkeit wie gefordert schien es wünschenswert, die Lage der Fokalebene um kleinste Beträge reproduzierbar verschieben zu können. Mechanische Mittel erwiesen sich als ungeeignet. Eine Lösung wurde in einer planparallelen Platte gefunden, die sich zwischen Kollimator und Spalt befindet und durch deren Drehung die effektive Brennweite sehr fein verändert werden kann. Bei einer 2 mm starken Platte bewirkt eine Drehung von 10° eine Verschiebung der Fokalebene im Mittel um 0,2 mm bei dem obigen Spektralapparat. Von Interesse ist noch, daß an den Flanken einer Linie eine Stelle gefunden werden kann, bei der die Linienintensität durch eine geringe Defokussierung nur unmerklich geändert wird. Bei einer Linie mit Gaußprofil z.B. liegt dieser Punkt in einem Abstand von 85 % der halben Halbwertsbreite von der Linienmitte entfernt.

Ein weiteres Problem war die Halterung der photographischen Platte, das durch die Konstruktion von Spezialkassetten gelöst wurde. Diese werden einmal mittels einer Dreipunktauflage an den Spektrographen gesetzt. Zum anderen wird die Platte innerhalb der Kassette auf ihrer Schicht verschoben, um Ungenauigkeiten einer Kassettenführung zu vermeiden.

An dieser Stelle sei noch etwas zu der Funktion $E(\lambda)$ in Gl. (1) bemerkt. Bei der Platte wird sie durch das Auflösungsvermögen, die Gradation usw. bestimmt [3], [4]. Bei den elektronisch arbeitenden Registrieranordnungen hängt $E(\lambda)$ im wesentlichen von der Weite des Austrittsspaltes ab. In dem vorliegenden Fall wurde die photographische Platte aus zweierlei Gründen gewählt. Einmal nimmt sie in einer bestimmten Zeit wesentlich mehr Information auf, als ein elektronischer Empfänger, der über das Spektrum geführt werden muß. Dies war von Bedeutung, da mehrere Spektren möglichst bei konstantem Sonnenstand aufgenommen werden mußten. Zum anderen schien es wünschenswert, eine möglichst direkte „Natururkunde" von dem eventuell zu beobachtenden Effekt zu erzielen, die auch nachher für eine Prüfung beliebig zur Verfügung steht. Das vorliegende Problem ist damit ein Beispiel für alle die Fälle, bei denen sich die photographischen Platten auch in Zukunft behaupten werden. Freilich muß die Funktion $E(\lambda)$ der Platte durch geeignete Maßnahmen genügend konstant gehalten werden. Entsprechende Untersuchungen zeigten jedoch, daß dies bei den modernen Emulsionen in erheblichem Maße besser möglich ist als früher [3].

Als letztes Element, das für die geometrische Abbildung maßgeblich ist, ist der Eintrittsspalt des Spektrographen zu nennen. Seine Breite ist möglichst konstant zu halten. Leider ist sie bei den meisten variablen Spalten industrieller Fertigung etwas temperaturempfindlich, so daß hier eine Neukonstruktion verwendet wurde. Außerdem befindet sich der Spalt noch innerhalb des Thermostaten.

Der beugungsoptische Anteil der Apparatefunktion $A(\lambda)$ ist am kompliziertesten zu behandeln. Dabei werden die Amplituden- und Phasenverhältnisse in der Fokalebene sowohl von der Optik des Spektrographen als auch von der Art der Spaltbeleuchtung bestimmt. Die Spektrographenoptik (effektiver Durchmesser der Linsen oder Spiegel, Gitter oder Prismen usw. wird für eine durchzuführende Untersuchung im allgemeinen konstant gehalten werden, so daß hier nur der Einfluß der Spaltbeleuchtung näher betrachtet werden soll. Es kann sich dabei nicht darum handeln, ihren Einfluß auf das Linienprofil genau quantitativ zu bestimmen — dafür sind die optischen Parameter der Spektrographenoptik selbst zu wenig bekannt (Korrektionszustand der Linsen u. dgl.) und werden von Fall zu Fall variieren —, sondern nur darum, welchen Einfluß ein Wechsel der Spaltbeleuchtung auf das Profil der Spektrallinien haben kann. Diese Frage ist schon früher behandelt worden [5], jedoch nur für zwei in praxi kaum realisierte Grenzfälle, so daß die damaligen Ergebnisse kaum eine Anwendung gefunden haben.

Grundlegend für die Art der Spaltbeleuchtung ist der Kohärenzgrad des Lichtes in der Ebene des Spaltes, der ja die Lichtquelle für den weiter folgenden optischen Teil des Spektrographen darstellt. Unter kohärentem Licht soll hier im allgemeinen Sinn der Fall verstanden werden, daß die Phase des Lichtes eine eindeutige Funktion über die Spaltbreite ist, während bei Inkohärenz die Phasen statistisch über die Spaltbreite verteilt sind. Der allgemeine Fall der obigen Kohärenz schließt den speziellen mit ein, daß die Phase über die Ausdehnung der Lichtquelle konstant ist, und der meist im engeren Sinne als kohärenter Fall bezeichnet wird. Im Fall der kohärenten Spaltbeleuchtung muß bei Eintritt des Lichtes in die Spektrographenoptik die Phasenbeziehung über der Öffnung berücksichtigt werden, beim inkohärenten Fall nicht. Man kann die verschiedenen Arten der Spaltbeleuchtung etwa folgendermaßen einteilen:

I. Direkte Spaltbeleuchtung

1a) Kohärenter Fall im engeren Sinn. Die Lichtquelle L liegt so weit vom Spalt entfernt, daß sie praktisch punktförmig erscheint (Fall 1a in Abb. 1). Dabei sollen die Wellenfronten über die Spaltbreite praktisch eben sein. Dann entsteht am Ort der Kollimatorlinse eine Fraunhofersche Beugungsfigur des Spaltes, bei dem die Phase in eindeutiger Weise über der Öffnung variiert, und dessen Interferenz in der Fokalebene die Intensitätsverteilung des beugungsoptischen Bildes ergibt. Die Breite dieses Beugungsbildes variiert mit der Spaltbreite und der Wellenlänge. Diese Beleuchtung wird aus Intensitätsgründen und wegen der im allgemeinen mangelhaften Ausleuchtung kaum angewendet werden. Immerhin ist die letztere praktisch schon vollständig, wenn die Spaltbreite 0,01 mm bei einem Öffnungsverhältnis des Kollimators von 1:20 und einer Wellenlänge von 5000 Å beträgt.

1 b) Im allgemeinen wird die Lichtquelle ausgedehnt sein. Dann überlagern sich in der Kollimatorebene die Beugungsfiguren am Spalt der in verschiedenen Richtungen liegenden einzelnen Punkte der

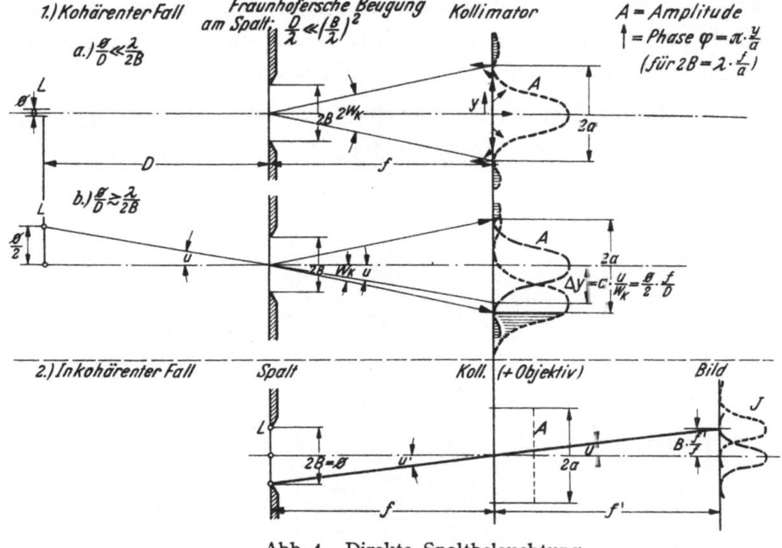

Abb. 1. Direkte Spaltbeleuchtung

Lichtquelle L. Die von ihnen nach Fall 1 a herrührenden Intensitätsverteilungen sind in der Fokalebene zu summieren.

2. Inkohärenter Fall. Er ist streng nur dadurch zu verwirklichen, daß die Lichtquelle selbst in der Spaltebene liegt, etwa daß der Lichtfaden einer Geißlerröhre als Spalt benutzt wird. Die von den einzelnen Lichtpunkten in der Spektrographenoptik erzeugten — im wesentlichen Fraunhofersche — Beugungsfiguren überlagern sich in der Fokalebene intensitätsmäßig.

Die bislang einzig existiernden strengen Durchrechnungen des Problems beziehen sich auf den kohärenten Fall im engeren Sinn (I 1a) und den ideal inkohärenten Fall (I 2) [5]. Der Fall I 1b wird quantitativ in der Mitte zwischen beiden liegen, und zwar näher zum inkohärenten Fall, einmal weil bei größerer Spaltbreite immer mehr Nebenmaxima in die Kollimatoröffnung fallen und zum anderen, weil infolge der Ausdehnung der Lichtquelle sich die Beugungsfiguren der einzelnen Lichtpunkte in der Fokalebene intensitätsmäßig überlagern.

II. Spaltbeleuchtung durch Zwischenbild (Abb. 2)

Diese Spaltbeleuchtung wird am häufigsten vorkommen.

IIa. Die Lichtquelle sei wieder praktisch punktförmig, d. h. ihre scheinbare Ausdehnung kleiner als das Beugungsbild der Beleuchtungsoptik. Das letztere zeigt dieselben Phasenverhältnisse über der Spaltbreite wie dasjenige in I 1a (Abb. 1) über der Kollimatoröffnung. Dieser Fall wird realisiert bei einem Sternspaltspektrographen mit vorgeschaltetem Fernrohr.

IIb. Das auf den Spalt geworfene Bild der Lichtquelle sei ausgedehnt. Dann tritt analog zu Fall I 1b eine intensitätsmäßige

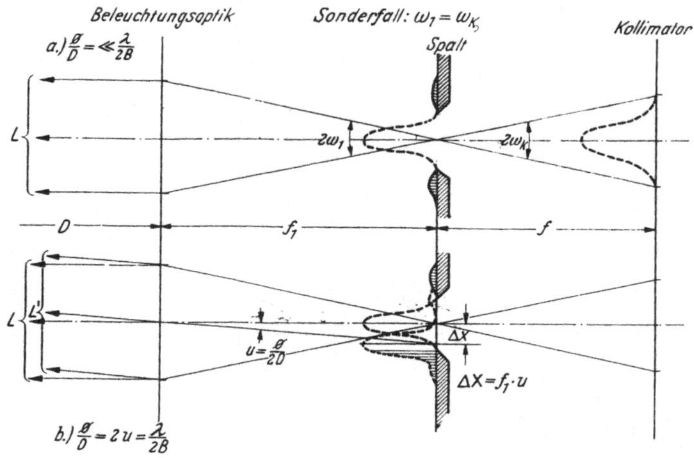

Abb. 2. Spaltbeleuchtung durch Zwischenbild

Überlagerung der von den Lichtpunkten durch die Lichtverteilung über dem Spalt nach IIa erzeugten Beugungsfiguren in der Fokalebene ein.

Wie leicht einzusehen ist, gehen Fall IIa und IIb in die kohärenten Fälle I 1a und I 1b über, falls das Öffnungsverhältnis der Beleuchtungsoptik sehr klein wird. Umgekehrt nähert man sich bei sehr großer Apertur der Beleuchtungslinse dem inkohärenten Fall I 2.

Quantitativ durchgerechnet sind nur die beiden Grenzfälle der kohärenten und inkohärenten Spaltbeleuchtung I 1a und I 2 (Abb. 1) für den Fall, daß die natürliche Halbwertsbreite klein gegenüber der Halbwertsbreite des Beugungsbildes ist. Abb. 3 gibt das Ergebnis eigener Berechnung, bei der gegenüber der ersten Arbeit [5] für den inkohärenten Fall ein Fehler korrigiert werden konnte, der auch von anderer Seite unabhängig gefunden wurde [6]. Danach nähert sich im Gegensatz zum früheren Ergebnis beim inkohärenten Fall die Intensität in der Linienmitte nicht oszillierend wie beim kohärenten Fall, sondern monoton von kleineren Werten her dem der ideal geometrisch-optischen Abbildung entsprechenden Werte.

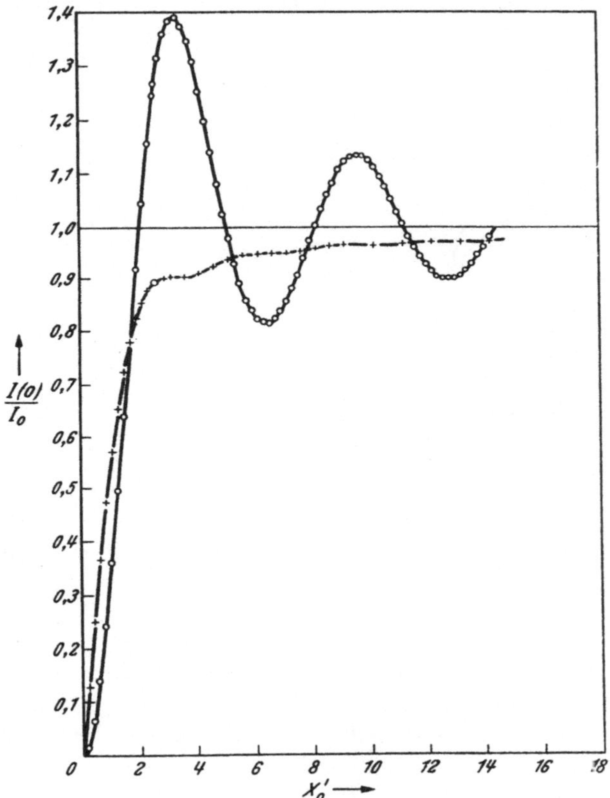

Abb. 3. Zentralintensität einer monochromatischen Spektrallinie in Einheiten der Intensität bei geometrisch-optischer Abbildung als Funktion von

$$X' = \frac{\pi}{2} \cdot \frac{2B}{\lambda} \frac{2a}{D'} = \frac{\pi}{2} \cdot \frac{2B}{\lambda} \cdot 2\,\omega_{\text{Koll.}}$$

$2B$ = Spaltbreite; $2\,\omega_{\text{Koll.}}$ = relative Öffnung des Kollimators; + inkohärente Spaltbeleuchtung; O kohärente Spaltbeleuchtung

Die Abszissenachse in Abb. 3 reicht für das obige Beispiel einer Kollimatorapertur von 1:20 und einer Wellenlänge von 5000 Å von 0 bis 0,1 mm Spaltbreite, ein Bereich, wie er üblich vorkommen wird. Selbst bei dem Fall der Inkohärenz, der am günstigsten liegt, sind die Variationen der Intensität über diesen Bereich so groß, daß sie die Ungenauigkeit der modernen elektronischen Empfänger weit übersteigen, und sie sind auch größer als die zulässige Grenze der systematischen Fehler in dem zu Anfang skizzierten Beobachtungsproblem. Ähnliches gilt auch für das ganze Linienprofil, das für die beiden Grenzfälle für ein Beispiel in Abb. 4 dargestellt ist. Dabei ist noch zu beachten, daß das Integral über das Profil für

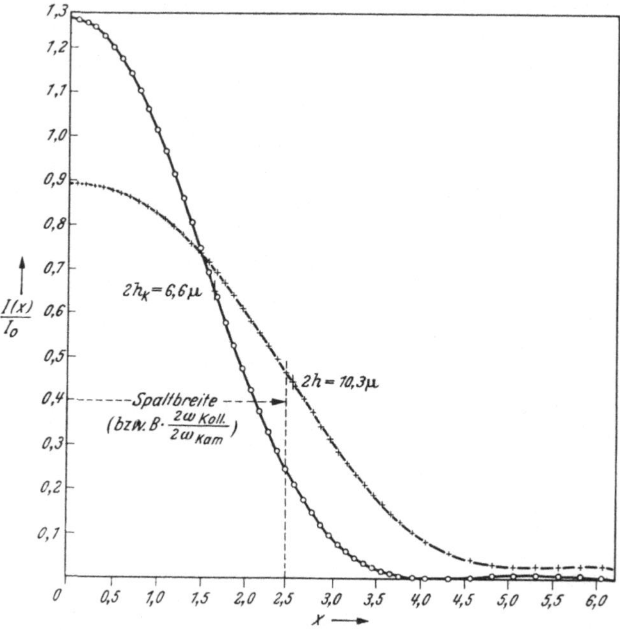

Abb. 4. Beugungsbild einer monochromatischen Spektrallinie an quadratischer Blende l. Öffnung: 1:20; Spaltbreite 10 μ; $\lambda = 3200$; $x = \pi \frac{z}{\lambda} \cdot 2\,\omega_{\text{Koll.}} = 0{,}49\,\frac{z}{[\mu]}$ (z = lineares Maß in der Bildebene); + inkohärente Spaltbeleuchtung; O kohärente Spaltbeleuchtung

beide Fälle nicht dasselbe ist. Ferner ist noch die verhältnismäßig große Intensität an den Linienflügeln im inkohärenten Fall bemerkenswert.

Die übrigen oben genannten Beleuchtungsarten in Abb. 1 und 2 werden — wie schon früher bei Fall I 1a bemerkt — in der Mitte zwischen dem kohärenten und inkohärenten Fall liegen, wenn auch meistens näher dem letzteren. Eine allgemeine geschlossene Darstellung lohnt nicht, da ja die wirklichen Beugungsprofile wegen des Einflusses der unvermeidlichen Fehler der Spektrographenoptik (Genauigkeit der Fläche usw.) kaum rechnerisch zu erfassen sind. Wohl aber sollte in einzelnen speziellen Fällen, wo es auf hohe optische Konstanz ankommt, der Einfluß der Spaltbeleuchtung genauer durchdiskutiert werden, wie es z. B. beim Fall IIb für das vorliegende Problem im Gange ist, um die erlaubten Toleranzen der Spaltbeleuchtung für eine geforderte innere Meßgenauigkeit abzuschätzen, etwa wie genau das Bild der Lichtquelle auf den Spalt einzustellen ist usw.

Falls eine hohe absolute Genauigkeit erfordert wird, ist eine Eichung des Spektrographen zusammen mit Beleuchtungseinrichtung mit Linien bekannter Stärke und Intensitätsverteilung bei verschiedenen Wellenlängen durchzuführen. In jedem Fall ist jedoch die einmal gewählte Spaltbreite konstant zu halten, da deren Variationen eine Änderung des Linienprofils bewirkt, die noch von der Wellenlänge abhängig ist (Abb. 3), und die größer sind als die Meßungenauigkeit der modernen elektronischen Empfänger.

Literatur

[1] PAETZOLD, H. K., u. H. ZSCHÖRNER: Mitt. MPI Weißenau, Nr. 4, 1955. — [2] BARBIER, D.:, D. CHALONGE et E. VASSY: Rev. d'Opt. **14**, 425 (1935). — [3] PAETZOLD, H. K.: Z. angew. Physik **6**, 214 (1954). — [4] MOSER H.: Optik **12**, 362 (1955). — [5] CITTERT, P. H. VAN: Z. Physik **65**, 547 (1930). [6] MIELENZ, K. D.: Optik **13**, 437 (1056).

D. Chalonge (Paris) : Structure du spectre continu visible. (Avec 6 figures.)

Etoiles normales naines. — L'étude du spectre continu visible va fournir un nouveau critère pour différencier les divers types d'étoiles.

On sait que le spectre continu du Soleil peut être décrit, du rouge au début de l'ultraviolet, par une température de couleur unique: ce qui signifie que dans tout ce grand domaine spectral le rayonnement continu du Soleil est proportionnel à celui d'un corps noir.

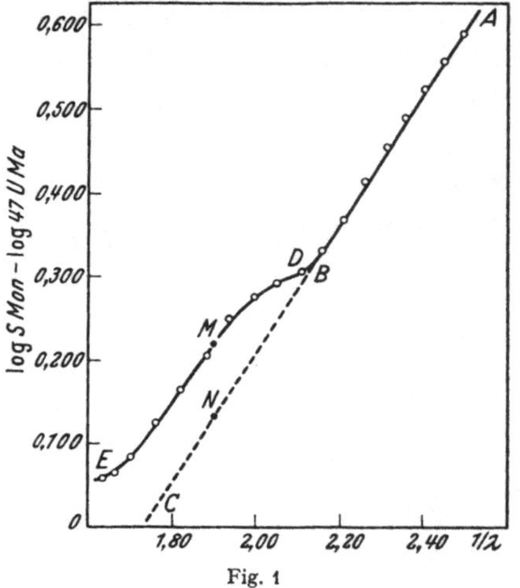

Fig. 1

Nous admettrons qu'il en est de même pour les étoiles de type $G\,0$. Pour toutes les étoiles que nous considérons ici on peut, de même, décrire le fond continu bleu-violet ($\lambda < 4650$ Å ou $1/\lambda > 2{,}15$) par une température de couleur T_b ou un gradient absolu φ_b. Mais nous allons voir que pour les longueurs d'onde plus grandes le phénomène se complique.

Comparons S Mon $(O\,6)$ à 47 UMa $(G\,0\ V)$. La courbe qui représente la variation en fonction de $1/\lambda$ du rapport des intensités des fonds continus de S Mon et 47 UMa (Fig. 1) est parfaitement rectiligne pour $1/\lambda > 2{,}15$ (région AB) puisque les deux étoiles rayonnent proportionnellement à des corps noirs de températures différentes.

Mais si, pour les longueurs d'onde supérieures à 4650 Å ($1/\lambda < 2{,}15$), S Mon continuait à rayonner comme dans le bleu violet, proportionnellement au corps noir de température T_b, la courbe de la fig. 1 serait la courbe BC en trait discontinu (sensiblement en ligne droite avec la partie AB). Mais on observe en réalité la courbe en trait plein DE qui présente avec la première partie une sorte de discontinuité vers 4650 Å: le rayonnement de grande longueur d'onde de S Mon est donc supérieur à celui que représente la courbe en trait discontinu; pour $1/\lambda = 1{,}9$ l'écart $MN = \delta_\lambda$ entre les deux courbes est égal à 0,09 ce qui correspond à un rayonnement de S Mon 1,25 fois plus grand que celui du corps noir considéré.

On peut représenter ce phénomène autrement (fig. 2) en portant, en fonction de $1/\lambda$ l'écart δ_λ entre le rayonnement réel et le rayonnement d'une étoile qui, du rouge à l'ultraviolet, rayonnerait avec la température de couleur T_b observée pour S Mon pour $1/\lambda > 2,15$.

$$\delta_\lambda = \log S\,\mathrm{Mon} - \log B_\lambda(T_b)$$

où B_λ représente la fonction de PLANCK.

Pour $1/\lambda > 2,15$ la courbe se confond avec l'axe des abscisses. Si l'on compare, de la même façon, à 47 UMa des naines E de type de plus en plus avancé, on observe les résultats suivants:

a) pour les classes O, $B\,0$, $B\,1$ la courbe $\delta_\lambda = \log E - \log B_\lambda(T_b)$ fonction de $1/\lambda$ est

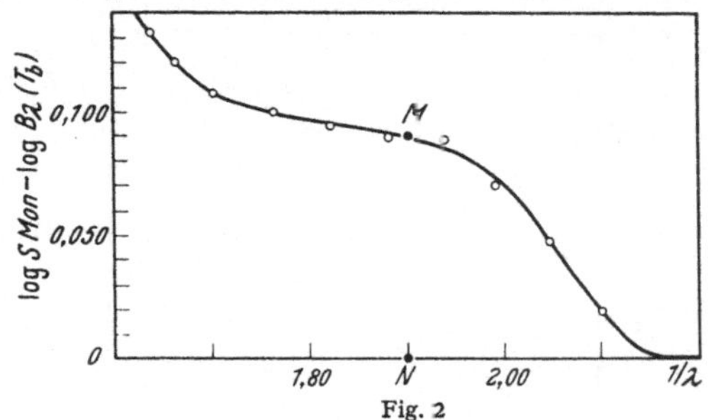
Fig. 2

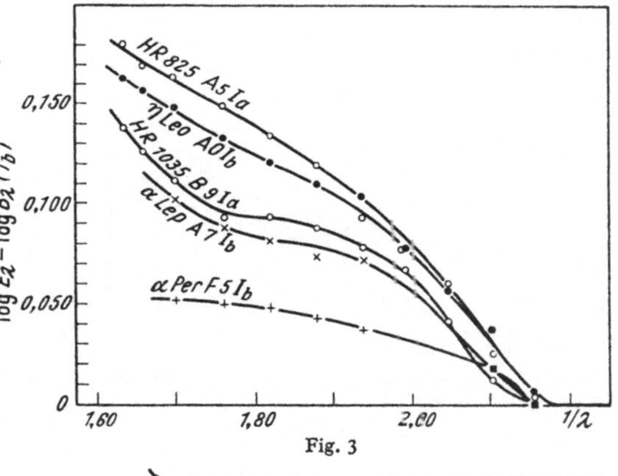
Fig. 3

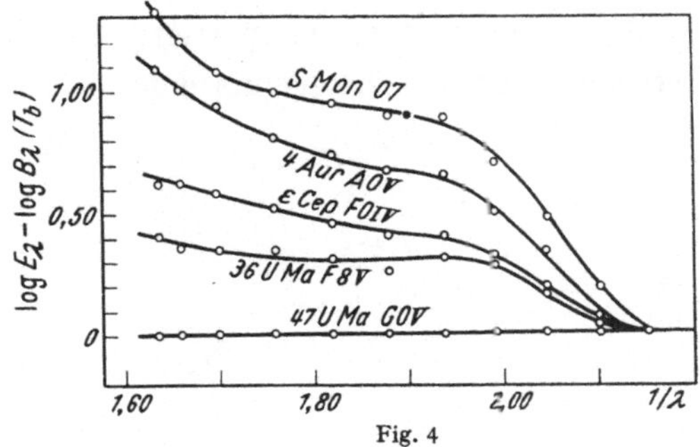
Fig. 4

superposable à la fig. 2, c'est-à-dire que les écarts δ_λ sont identiques à ceux de S Mon, mais T_b décroît (c'est-à-dire φ_b croît) lorsque l'on se déplace vers les types plus avancés;

b) pour les classes $B\,2$ à $B\,8$, δ_λ commence à être un peu plus petit;

c) à partir de la classe $A\,0$, δ_λ est nettement plus faible que pour les types antérieurs et on observe des courbes successives telles que celles de la fig. 3 (T_b continuant à décroître et φ_b à croître).

Si l'on avait comparé à 47 UMa une série de supergéantes de type variant de O à F, on aurait observé les courbes de la fig. 4:

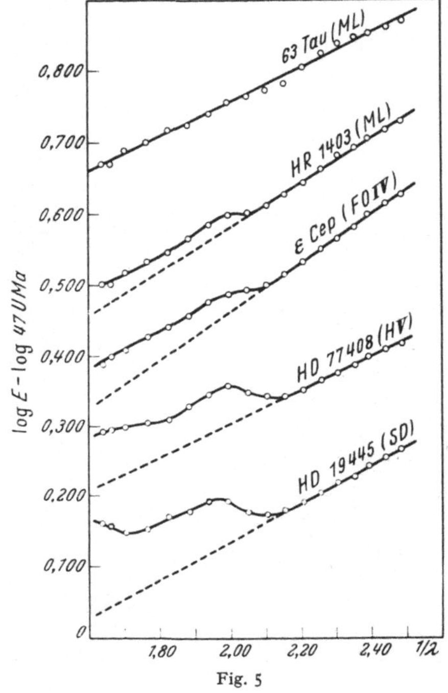

Fig. 5

pour les types O et B, l'excès δ_λ de visible sur le rayonnement du corps noir est sensiblement le même que pour S Mon. Mais à partir de B 9 I, δ_λ augmente et les courbes successives s'élèvent: après un maximum, au delà du type A 5 I, δ_λ décroît rapidement et il s'annulerait vraisemblablement pour une sous-classe G (les observations n'ont pas encore été poussées jusque là).

Ce phénomène semble difficile à expliquer en faisant intervenir simplement les propriétés absorbantes connues de l'hydrogène et de l'hélium: tout ce que l'on peut dire pour l'instant est qu'il s'observe dans la matière stellaire à haute température, fortement ionisée. Le phénomène s'atténue (le rayonnement visible

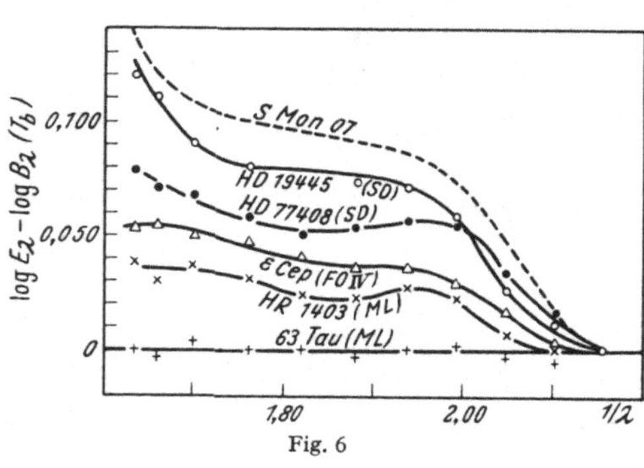

Fig. 6

tendant peu à peu à devenir proportionnel à un rayonnement de corps noir) à partir du type A 0 chez les naines et d'un type un peu plus avancé que A 5 chez les supergéantes: cette atténuation pourrait donc être attribuée à l'apparition de la couche d'ions négatifs hydrogène qui empêche d'observer le rayonnement des couches plus chaudes, siège du phénomène.

Etoiles à raies métalliques et sous-naines. — La fig. 5 représente la comparaison à 47 UMa de deux étoiles à raies métalliques, 63 Tau (fortement «métallique») et *HR* 1403 (faiblement «métallique»), d'une étoile normale ε Cep, d'une étoile à grande vitesse *HD* 77408 et d'une sous-naine *HD* 19445.

On voit que l'étoile à raies métalliques, 63 Tau, rayonne comme un corps noir dans tout le spectre visible alors que la sous-naine *HD* 19445 a un excès de grandes longueurs d'onde comparable à une *A* 0 V; les étoiles intermédiaires entre ces deux extrêmes ont un spectre intermédiaire. La fig. 6 qui représente la variation de δ_λ pour les mêmes étoiles traduit le même phénomène.

Le simple examen du spectre visible (valeurs de φ_b et de δ_λ) permet donc de différencier les naines de type normal, les étoiles à raies métalliques et les sous-naines.

D. Labs (Heidelberg): Das kontinuierliche Spektrum und die Temperatur der Sonne*. (Mit 2 Textabbildungen.)

In Anbetracht der Tatsache, daß

a) die von verschiedenen Autoren angegebenen spektralen Intensitätsverteilungen des Sonnenkontinuums noch beträchtliche Abweichungen voneinander aufweisen und

b) der Energiebetrag der Sonnenstrahlung in absoluten Einheiten sich auch heute noch einzig auf die alten Abbotschen Meßreihen stützt,

wurden im Sept./Okt. 1955 neue Messungen durchgeführt, um diese beiden Punkte, d. h. die spektrale Verteilung im Wellenlängenintervall $\lambda\lambda$ 3300 bis 7000 Å, sowie die absolute Energieausstrahlung des Kontinuums der Sonnenmitte in diesem Intervall durch direkten, spektralphotometrischen Anschluß an eine bekannte empirische Lichtquelle mit modernen experimentellen Hilfsmitteln noch einmal zu untersuchen.

Als Beobachtungsort wurde — da der Extinktionsbestimmung wegen eine staub- und dunstfreie, sowie zeitlich konstante Atmosphäre unerläßlich war — die französische Forschungsstation „Observatoire du Pic du Midi" in den Pyrenäen gewählt.

Die Extinktion wurde unabhängig von den eigentlichen Strahlungsmessungen mit einer getrennten Apparatur bestimmt. Die durch ein System von Diaphragmen von Himmelslicht getrennte Sonnenstrahlung fiel — unter Zwischenschaltung wahlweise verschiedener Metallinterferenzfilter mit den wirksamen Wellenlängen $\lambda = 4050,\ 4374,\ 4674,\ 4965,\ 5511,\ 6109$ Å — ohne Abbildung direkt auf die Kathode eines Photomultipliers (Typ RCA 931 A), dessen Strom ein Kompensationsschreiber registrierte. Das aus diesen Messungen bestimmte Extinktionsgesetz zeigte unterhalb $\lambda = 4700$ Å praktisch eine λ^{-4}-Abhängigkeit des atmosphärischen Absorptionskoeffizienten, während sich oberhalb dieser Wellenlänge die zusätzliche Absorption durch die Chappuis-Banden des Ozons immer mehr bemerkbar machten. Dieser Ergebnisse wegen hatten wir kaum Bedenken die Extinktion im ultravioletten Bereich nach dem Rayleighschen Gesetz zu extrapolieren.

---

* Eine ausführliche Darstellung der Arbeit erscheint in der Zeitschrift für Astrophysik.

Das Sonnenlicht wurde über den Hauptspiegel eines Polarsiderostaten und dessen Hilfsspiegel auf einen Hohlspiegel von 4285 mm Brennweite gelenkt, der in seiner Fokalebene ein Bild der Sonnenscheibe entwarf. Nachdem in dieser Bildebene durch ein Diaphragma von 2,0 mm Durchmesser die Sonnenmitte herausgeblendet war, gelangte das Lichtbündel auf den Eintrittsspalt eines Prismen-Doppelmonochromators, welcher wahlweise mit Quarz- oder Glasprismen auszurüsten war. Hinter dem Austrittsspalt war ein Photomultiplier angeordnet, dessen Strom ein Kompensograph sofort aufzeichnete. Ein kleiner Synchromotor sorgte für ein kontinuierliches Drehen der Monochromator-Prismen.

Als Vergleichslichtquelle diente der positive Krater eines Kohle-Lichtbogens nach McPherson [1] und J. Euler [2]. Pyrometermessungen ergaben, daß unter den Bedingungen, unter denen der Bogen während unserer Untersuchungen brannte (reduzierter Druck in 2800 m Höhe und Speisung aus einem Gleichrichter) mit einer wahren Temperatur von $3949 \pm 10°$ K für den Krater gerechnet werden mußte. Das von einem Collimatorspiegel ($f = 4285$ mm) parallel gemachte Lichtbündel lief über den Hilfsspiegel des Siderostaten auf den oben bereits erwähnten Hohlspiegel, so daß die Strahlengänge für Sonnen- und Vergleichslicht nach der Reflexion am Hilfsspiegel identisch waren. Es blieben demnach lediglich die Differenz der Reflexionsvermögen von Collimator und Siderostaten-Hauptspiegel sowie die verschiedenartigen Polarisationsverluste in beiden Lichtwegen als Korrektionen in Rechnung zu stellen. Letztere müssen wegen der Polarisationsselektivität des Prismenmonochromators nach Grad und Phase bekannt sein. Durch Einschaltung eines Glan-Thomson-Prismas ließen sich diese Daten separat bestimmen. Um das Reflexionsvermögen der beiden in Frage stehenden Spiegelflächen von vorne herein möglichst gleich zu halten, waren beide aus dem gleichen Glasblock gefertigt. Sie wurden beide zusammen bearbeitet und geschliffen, gleich oft unter gleichen Bedingungen mit Aluminium belegt und schließlich während der Beobachtungen in der gleichen Art behandelt.

An insgesamt 7 Tagen konnten 10 Sonnenspektren mit Glasprismen ($\lambda\lambda = 4220$ bis 6900 Å), 8 Spektren mit Quarzprismen ($\lambda\lambda = 3100$ bis 4570 Å) sowie 37 Kohlebogen-Vergleichsspektren registriert werden. Da das spektrale Auflösungsvermögen unseres Doppelmonochromators nicht ausreichte, um das Kontinuum unterhalb $\lambda \approx 5000$ Å in den „Fenstern" (absorptionslinienfreie Gebiete des Sonnenspektrums) verzerrungsfrei zu erfassen, haben wir unsere Registrierungen mit Hilfe der hochaufgelösten Spektren des Utrecht-Atlasses [3] an diesen Meßstellen entzerrt.

In Abb. 1 ist der Logarithmus der Sonnenintensität $I_\lambda\,(0,0)$ bezogen auf den Logarithmus der Intensität B_λ $(T = 7000)$ eines Hohlraumstrahles von $T = 7000°$ K als Funktion von $1/\lambda$ aufgetragen. ($\cdot$ bzw. $\times$ = nach Glasprisma-Registrierungen ohne bzw. nach Korrektion für hohes Auflösungsvermögen; φ bzw. o nach

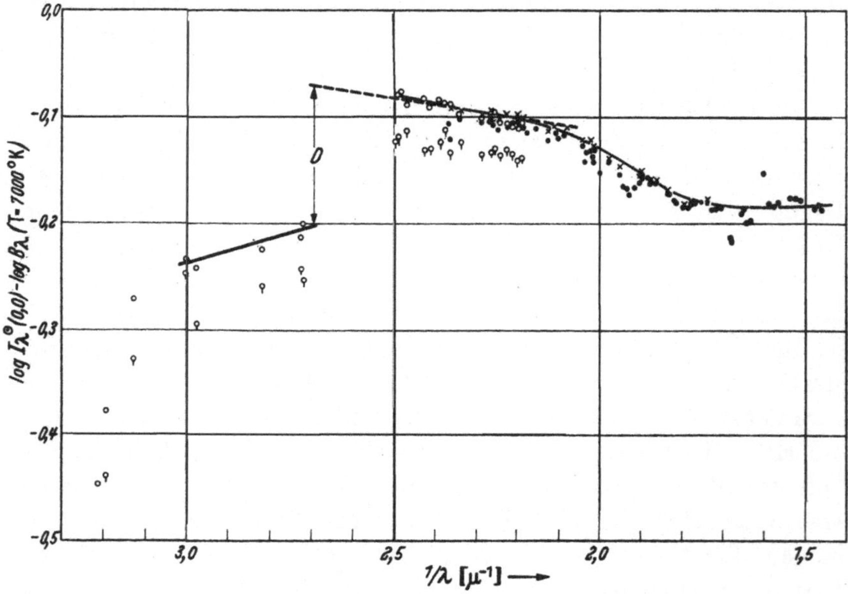

Abb. 1. Intensitätsverteilung des Kontinuums der Sonnenmitte bezogen auf eine Hohlraumstrahlung von 7000° K. (Differenz der Logarithmen über $1/\lambda$ aufgetragen)

Quarzprisma-Registrierungen ohne bzw. nach Korrektion für hohes Auflösungsvermögen.)

Im Bereich $3{,}03 \geqq 1/\lambda \geqq 2{,}7$ ($\lambda = 3300$ bis 3700 Å) ordnen sich die Punkte (innerhalb einer gewissen Streubreite) längs einer Geraden an, deren Neigung einer Verteilungstemperatur des Sonnenkontinuums von 6225° K entspricht. An der Grenze der Balmer-Serie des Wasserstoffs bei $1/\lambda = 2{,}7$ finden wir einen Intensitätssprung $\log I_{3700^+} - \log I_{3700^-} = D = 0{,}13$, wenn man eine Extrapolation der im Bereich $2{,}5 \geqq 1/\lambda \geqq 2{,}1$ gefundenen Verteilung bis zur Balmergrenze als zulässig annimmt. Die Meßwerte in diesem Spektralgebiet ($2{,}5 \geqq 1/\lambda \geqq 2{,}1$ entsprechend $4000 \leqq \lambda \leqq 4760$ Å) lassen sich wieder durch eine Gerade approximieren, welche auf eine Verteilungstemperatur von $7540°$ K führt. In der Gegend von $1/\lambda \approx 2,1$ biegt der Gradient dann erheblich ab, um bei $1/\lambda \approx 1,8$ wieder in den bisherigen Verlauf überzugehen.

Ein Vergleich unserer Ergebnisse mit denen von D. CHALONGE und R. CANAVAGGIA [4] gibt:

$$\left.\begin{array}{l}\lambda\lambda = 3300 \text{ bis } 3700, \quad T_v = 5900° \text{ K} \\ \lambda\lambda = 4000 \text{ bis } 4950, \quad T_v = 7130° \text{ K} \\ \hspace{3.2cm} D = 0,125\end{array}\right\} \begin{array}{c}\text{CHALONGE}\\ \text{und}\\ \text{Mitarb.}\end{array} \left.\begin{array}{l}T_v = 6225° \text{ K}\\ T_v = 7540° \text{ K}\\ D = 0,13\end{array}\right\} \begin{array}{l}\text{unsere}\\ \text{Mes-}\\ \text{sungen.}\end{array}$$

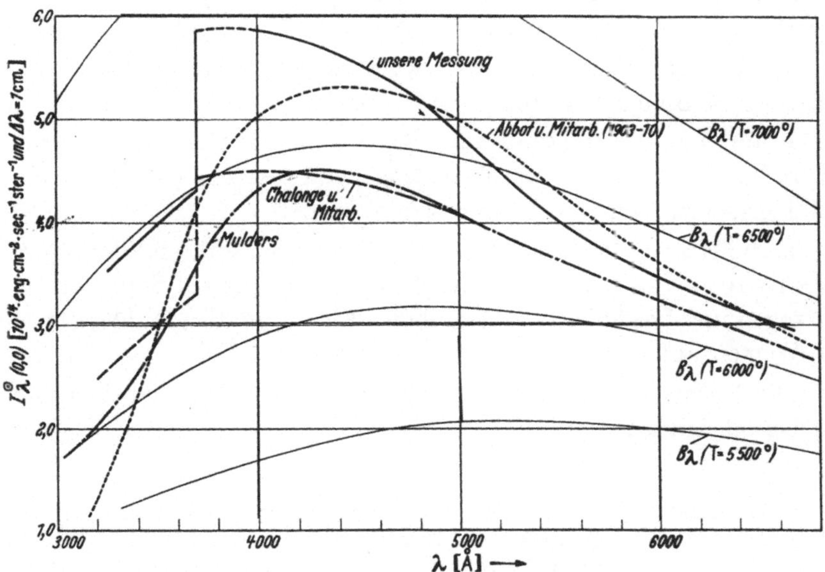

Abb. 2. Intensität des kontinuierlichen Spektrums der Sonnenmitte in absoluten Einheiten nach den Messungen und Reduktionen verschiedener Autoren. (G. F. W. MULDERS [6], C. G. ABBOT und Mitarb. [7] mit η_λ-Werten nach G. F. W. MULDERS [6], R. CANAVAGGIA und D. CHALONGE [4].) An Abbots-Werte ist die Skalenkorrektion von $-2,4\%$ angebracht. Beachte, daß D. CHALONGE bei $\lambda = 5000$ Å dem Absolutbetrag nach an MULDERS angeschlossen hat

Die Fehlergrenze unserer Angaben dürfte bei $\pm 250°$ liegen, während CHALONGE $\pm 200°$ angibt.

Das Abbiegen und Wiedereinmünden des Gradienten bei $1/\lambda = 2,1$ bzw. 1,8 paßt bezüglich seiner Lage im Spektrum gut zu den von D. CHALONGE [5] gefundenen Anomalien in Sternspektren.

Schließlich wurden Sonnen- und Kohlebogenstrahlung auch bezüglich ihrer absoluten Energieausstrahlung verglichen. Danach ergab sich bei $1/\lambda = 1,9$, d. h. $\lambda = 5263$ Å eine Intensität des Sonnenkontinuums von

$$I_\lambda(0,0) = 43,8 \cdot 10^{13} \cdot \text{erg} \cdot \text{cm}^{-2} \cdot \text{sec}^{-1} \text{ster}^{-1} \quad \text{und} \quad \Delta\lambda = 1\,\text{cm},$$

entsprechend einer schwarzen Temperatur (brighness temp.) von $T_s = 6470°$ K.

G. F. W. Mulders [6] fand für diese Wellenlänge (nach Messungen von C. G. Abbot und Mitarb. [7] aus den Jahren 1920 bis 1922) den Wert

$$I_\lambda(0,0) = 38{,}2 \cdot 10^{13} \cdot \text{erg} \cdot \text{cm}^{-2}\,\text{sec}^{-1}\,\text{ster}^{-1} \quad \text{und} \quad \Delta\lambda = 1\,\text{cm}.$$

In Abb. 2 haben wir die Intensität der Sonnenstrahlung in absoluten Einheiten über der Wellenlänge λ aufgetragen. Mit eingezeichnet sind zum Vergleich:

a) die Energiekurve, die C. F. W. Mulders [l. c.] aus C. G. Abbots Meßreihe von 1920—1922 erhielt,

b) die von D. Chalonge und R. Canavaggia [l. c.] angegebene Verteilung, die ihrem Absolutbetrag nach bei $\lambda = 5000$ Å an die Muldersschen Werte angeschlossen ist und

c) die Kurve, die sich aus Abbots Messungen während der Jahre 1903—1910 ergibt, wenn sie mit M. Minnaert [8] auf Sonnenmitte bezogen und bezüglich der Fraunhofer-Linien mit den Muldersschen η_λ-Werten auf Kontinuum korrigiert sind.

Die Pyrheliometer-Skalenkorrektion von $-2{,}4\%$ ist bei a) und c) berücksichtigt.

Literatur

[1] McPherson: J. Opt. Soc. Amer. 30, 189 (1940). — [2] Euler, J.: Ann. d. Phys. 11, 203 (1953). — [3] Minnaert, M., G. F. W. Mulders u. J. Houtgast: Photemetric Atlas of the Solar Spectrum. Utrecht u. Amsterdam 1940. — [4] Canavaggia, R., et D. Chalonge: Ann. d'Astrophys. 9, 143 (1946); 13, 355 (1950). — [5] Chalonge, D.: Astronom. J. Akad. Wiss. UdSSR. 33, 474 (1956). — [6] Mulders, G. F. W. : Z. Astrophys. 11, 132 (1935). — Publ. Astr. Soc. Pacific 52, 220 (1939). — [7] Abbot, C. G. u. Mitarb.: Ann. Smithson. Astrophys. Obs. 2 (1908); 3 (1913); 4 (1922); 5 (1932); 6 (1942). — [8] Minnaert, M.: Bull. Astr. Netherl. 2, 75 (1924).

Joachim Euler (Frankfurt a. M.): Der Grafit-Kohlebogen als Strahldichtestandard. (Mit 6 Textabbildungen.)

Der Kohlebogen mit einer Graphit-Anode ist in den letzten Jahren bei spektralphotometrischen Arbeiten vielseitig angewendet worden. Meist dient er als Standard für die spektrale Strahldichte, manchmal auch als Temperaturstandard. Im folgenden wird eine Übersicht über die heute bekannten Messungen der wahren Temperatur und des spektralen Emissionsvermögens sowie über einige experimentelle Einzelheiten gegeben.

1. Temperatur

Seit den ersten Arbeiten von LUMMER haben viele Autoren immer wieder die Temperatur des positiven Kraters gemessen. Alle diese Temperaturen sind aus Strahlungsmessungen gewonnen worden. In Tabelle 1 sind in der Temperaturskala von 1948 die wichtigsten Angaben der Literatur zusammengestellt. Dabei ist unter Farbtemperatur eine Rot-Grün-Verhältnistemperatur bzw. eine durch visuellen Farbvergleich gewonnene Temperatur verstanden. Die Verteilungstemperatur ist aus der Energieverteilung in einem größeren Spektralbezirk gewonnen, der über die Grenzen des Sichtbaren hinausging. Die Verschiebungstemperatur wird über das Wiensche Verschiebungsgesetz aus dem Maximum der Energieverteilung ermittelt.

Die älteren Temperaturmessungen am positiven Kohlekrater hat A. HAGENBACH [29] in einer Tabelle zusammengestellt.

Die eingeklammerten Fehlergrenzen sind geschätzt. Unter Zugrundelegen der Fehlergrenzen sind fast alle Werte in Einklang zu bringen. Schwierigkeiten treten bei der Verteilungstemperatur von MCPHERSON und der Verschiebungstemperatur von FIEBIGER und KRIJSMAN auf. MCPHERSON ermittelt die Verteilungstemperatur V aus Messungen der relativen Energieverteilung zwischen 7500 und 2500 Å. Wie früher gezeigt [7], fehlen aber unterhalb von 5000 Å geeignete Vergleichsstrahler, so daß die Ermittelung der spektralen Durchlässigkeit der Monochromatoren schwierig ist. Die Methode, $E(\lambda)$ unmittelbar zu ermitteln, dürfte daher eine größere Sicherheit liefern. Benutzt man in Abb. 2 der Arbeit von MCPHERSON nur das Gebiet zwischen 12 und 23 cm^{-1}, d.h. also das Wellenlängengebiet oberhalb der Cyanbanden etwa 435—833 mμ, so ist eine

Tabelle 1. *Temperatur des Grafitbogens*

Wahre Temperatur W

McPherson (aus Farbtemperatur) [1] . . . . 4002 ± 20
McPherson (aus Verteilungstemperatur) . . . . . . 3872 (± 100)
McPherson (aus schwarzer Temperatur) . . . . . . 3994 ± 15
Goeing (aus schwarzer Temperatur) [2] . . . . . . 4001 ± 15
Wensel (aus schwarzer Temperatur) [3] . . . . . . 3998 (± 20)
Chaney, Hamister, Glass
　　(aus schwarzer Temperatur) [4] . . . . 3951 (wahrscheinlich
　　　　　　　　　　　　　　　　　　　　　　　　zu niedrig)
Waidner und Burgess (aus schwarzer Temperatur [5a] 3986 (± 30)
Forsythe und Watson (aus schwarzer Temperatur) [6] 3942 (wahrscheinlich
　　　　　　　　　　　　　　　　　　　　　　　　zu niedrig)
Euler 1953 (Bandlampe) [7] . . . . 3995 ± 15
Euler 1954 (UV-Standard) [8] . . . . 4010 ± 20 (°K)

Farbtemperatur F

McPherson . . . . 4002 ± 20
Frühling [9] 3960
Euler [aus wahrer Temperatur und $E(\lambda)$] [7] . . . 3959 ± 40 (°K)

Verteilungstemperatur V

McPherson 3872
Euler [aus wahrer Temperatur und $E(\lambda)$] [7] . . . 3968 (Wellenlängen-
　　　　　　　　　　　　　　　　　　　　　　　　abhängig)

Verschiebungstemperatur M, Näherungswerte

McPherson 4012
Fiebiger [10] . . . . 3853 ± 125
Krijsman [11] 4141
Chaney, Hamister, Glass 3942
Euler [7] . . . . 3987 ± 80 (°K)

Schwarze Temperatur S

McPherson . . . . 3813 ± 15
Goeing . . . . 3820 ± 15
Krijsman . . . . 3807 (± 20)
Wensel . . . . 3818 ± 15
Chaney, Hamister, Glass . . . . 3770 (wahrscheinlich
　　　　　　　　　　　　　　　　　　　　　　　　zu niedrig)
Forsythe und Watson . . . . 3761 (wahrscheinlich
　　　　　　　　　　　　　　　　　　　　　　　　zu niedrig)
Waidner und Burgess . . . . 3810 (± 30)
Euler [aus wahrer Temperatur und $E(\lambda)$] . . . . . 3806 (± 27) (°K)

Fehlergrenze der Verteilungstemperatur von ± 100° K ohne weiteres
zu rechtfertigen. Die Verschiebungstemperaturen von Fiebiger und
Krijsman haben eine hohe Fehlergrenze und können daher nur als
rohe Abschätzung gelten. Fiebiger hat ebenso wie McPherson noch
mit sehr grob granulierten Kratern gearbeitet, so daß die Energieverteilung mit einer gewissen Unsicherheit behaftet ist. Trotzdem scheinen die Werte von McPherson (V), Chaney, Forsythe

und FIEBIGER für etwas niedrigere wahre Temperaturen zu sprechen. Dagegen deuten die Messungen von GOEING, KRIJSMAN, WENSEL, MCPHERSON (F und M) und EULER [8] auf etwas erhöhte Temperaturen hin.

Die Werte von CHANEY, HAMISTER und GLASS sowie von FORSYTHE und WATSON lassen sich nur schlecht in die neue Skala umrechnen. Sie verwendeten für ihre Arbeiten eine Temperaturskala, die durch $c_2 = 1,433$ (cm Grad) und durch den Pd-Punkt $T_{\mathrm{Pd}} = 1829°$ K bestimmt war.

Die Umrechnung erfolgt nach den Formeln:

$$\Delta T_{c_2} = T \left(1 - \frac{T}{T_{\mathrm{Au}}} \right) \frac{\Delta c_2}{c_2}$$

für die durch c_2 hervorgerufene, und

$$\Delta T_{\mathrm{Pd}} = T \left(\frac{T}{T_{\mathrm{Pd}}} \right)^2 \Delta T_{\mathrm{Pd}}$$

für die durch den Palladiumpunkt hervorgerufene Verschiebung der Kratertemperatur. In unserem Falle erhalten wir für 4000° K Korrekturen von $\Delta T_{c_2} = -27,7°$ K und $\Delta T_{\mathrm{Pd}} = -19,2°$ K, oder zusammen $-47°$ K für die wahre Temperatur. Die schwarze Temperatur verschiebt sich dann beim Übergang von der obengenannten Skala zur internationalen Temperaturskala von 1948 mit $c_2 = 1,438$ (cm ° K) und $T_{\mathrm{Pd}} = 1825°$ K um $-44°$ K. Auch die Werte von WAIDNER und BURGESS sind erheblich korrigiert worden, hier betrug die Korrektur sogar $+55°$ K für die schwarze Temperatur. Diese Korrektur ist aber sicherer, weil WAIDNER und BURGESS ihre Temperaturskala auf dem Goldpunkt $T_{\mathrm{Au}} = 1337°$ K aufbauten. Allerdings wich $c_2 = 1,45$ erheblich von dem 1948 festgesetzten Wert ab[1].

Nimmt man das Mittel aus allen in Tabelle 1 niedergelegten Angaben für die wahre Temperatur ohne die Werte von CHANEY und FORSYTHE mit den reziproken Fehlern als Gewicht, so kommt man zu einer wahren Temperatur von 3996° K. Dieser Wert liegt innerhalb der von EULER [7] früher angegebenen Fehlergrenze. Berücksichtigt man die durch die Umrechnung unsicheren Werte

---

[1] In meiner Arbeit [8] ist auf S. 165 sowie in Tabelle 19 ein Rechenfehler unterlaufen. Die Korrektur beträgt weder wie angegeben $+65°$ K noch $+60°$ K wie tatsächlich zur Umrechnung verwendet, sondern richtig $+55°$ K. Dadurch ändert sich der Wert in Tabelle 16 von 3991 auf 3986° K, was sich jedoch auf den Mittelwert noch nicht auswirkt.

von Chaney sowie Forsythe mit einer geschätzten Fehlergrenze
von $\pm 50°$, so erhält man 3991° K. Ausgehend von 3996° K erhält
man für die wahre Temperatur des Graphitkraters in der 1948
festgelegten Temperaturskala folgende Abweichungen:

Tabelle 2

Autor	Wahre Temperatur (°K)	Abweichung von 3996° K (°K)
McPherson (Farbtemperatur)	4002	$+6$
McPherson (Verteilungstemperatur)	3872	-124
McPherson (schwarze Temperatur)	3994	-2
Goeing	4001	$+5$
Wensel	3998	$+2$
Chaney, Hamister, Glass	3951	-45
Waidner und Burgess	3986	-10
Forsythe und Watson	3942	-54
Euler [7]	3995	-1
Euler [8]	4010	$+14$

Nach einer freundlichen persönlichen Mitteilung rechnet Herr
Dr. Labs auf dem Pic du Midi in 2877 m Höhe mit einer wahren
Temperatur von 3952° K, wenn der Bogen aus einem 3-Phasen-
Brückengleichrichter gespeist wird. Diese Temperatur steht in
guter Übereinstimmung mit unseren Messungen bzw. Überlegungen:

Wahre Temperatur bei

Normaldruck und Gleichstrom . . . . 3996 $\pm 15°$ K

Erniedrigung durch den Druck von rund 0,7 ata nach Lummer [17, S.124] und Euler [7] . . . . -25

Erniedrigung durch einen überlagerten Wechselstrom von
4,8% nach Abb. 6 . . . . -15

Resultierende wahre Temperatur. . . . . 3956 $\pm 15°$ K

Sieht man von der herausfallenden Verteilungstemperatur von
McPherson und von den durch die unsichere Umrechnung zu niedrigen Werte von Chaney und Forsythe ab, so scheinen sich die
Werte aller Autoren bei 3996 $\pm 15°$ zu halten. Das entspricht etwa
den früher gemachten Erfahrungen, wonach genauere Temperatur-
angaben als etwa $\pm 15°$ nicht sinnvoll sind.

2. Emissionsvermögen

Für das spektrale Emissionsvermögen liegen außer den Messungen von Euler [7] praktisch keine Angaben vor. Lediglich
Finkelnburg [12] sowie Rupert und Strong [13] geben im

Ultraroten angenäherte Werte an. PATZELT und BALDEWEIN [14], [15] finden im Sichtbaren als Mittelwert $\overline{E}$ (sichtbar) $= 0,77$, wäh-

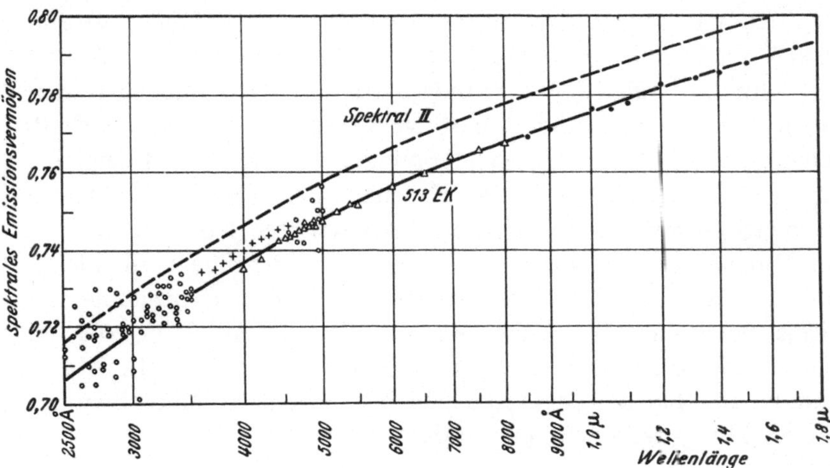

Abb. 1. Spektrales Emissionsvermögen der feinkörnigen graphitierten Kohle Ringsdorff 513 EK, 5 mm ⌀ nach J. EULER [7], in Luft gebrannter Bogen mit 4 mm Gamma S hauchverkupfert als negative Elektrode. Die Werte für Ringsdorff Spektralkohle II liegen insgesamt etwa 0,01 höher. ○ Aufprojektion in Luft; + ebenso in CO_2; △ Vergleich mit Bandlampe; ● Vergleich mit schwarzem Körper

rend aus den Messungen von EULER [7] auf 0,76 geschlossen werden müßte. PRESCOTT und HINCKE [20] haben das Gesamtemissions-

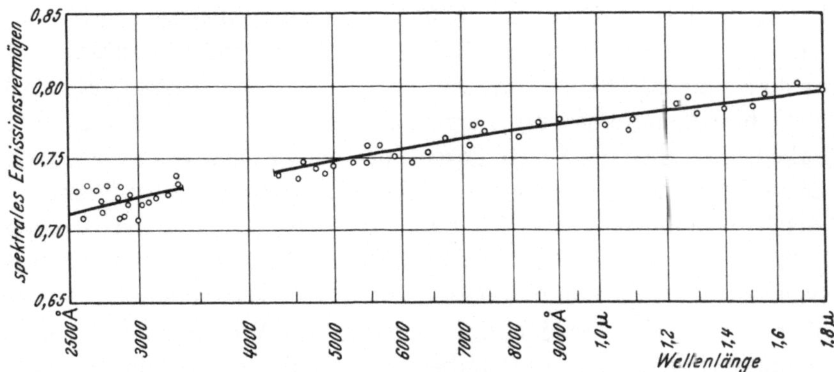

Abb. 2. Spektrales Emissionsvermögen der grobkörnigen graphitierten Spektralkohle von Schunk & Ebe nach J. EULER [21]; in Luft gebrannter Bogen mit 4 mm Gamma S hauchverkupfert als negative Elektrode

vermögen von Acheson-Graphit zwischen 1250 und 2700° K gemessen. Extrapoliert man auf 3995° K, so erhält man $\overline{E} = 0,75$ in Übereinstimmung mit dem von EULER [7] gefundenen Wert $\overline{E} = 0,78 \pm 0,04$. Der Gang des spektralen Emissionsvermögens mit der

Wellenlänge ist durch Messungen von E. Böhm [30] in Hannover bestätigt worden.

J. Euler [7] hat das Emissionsvermögen zwischen 2500 und 5500 Å nach einer Reflexionsmethode und zwischen 5000 Å und 1,8 µ durch Vergleich mit Standardstrahlern bestimmt. Die Angaben dürften auf rund $\pm 0,01$ sicher sein, lediglich unterhalb 3000 Å war die Streuung der Meßpunkte größer. Abb. 1 zeigt die für die Kohle Ringsdorff 513 EK erhaltenen Werte; diese Kohle ist identisch mit der von Goeing [2] benutzten Kohle Azur SEK der Ringsdorffwerke und ist ein Vorläufer der Spektralkohle II. Abb. 2 zeigt das Emissionsvermögen für die Spektralkohle der Firma Schunk & Ebe. Diese Messung liegt einige Jahre vor der Abb. 1 und zeigt deshalb etwas größere Streuungen. In Abb. 1 sind 31 unabhängige Meßreihen, in Abb. 2 sind 10 Meßreihen zur Mittelbildung herangezogen worden.

3. Kohlesorten und apparative Einzelheiten

a) **Konstanzgebiet.** Seit den Arbeiten von Waidner und Burgess [5] und M. Reich [16] ist bekannt, daß manche Kohlesorten als Anode unterhalb des Zischens eine von der Stromstärke unabhängige Strahldichte haben, während andere Kohlesorten dieses Konstanzgebiet nicht haben. Wir wissen heute, daß graphitierte, hochgereinigte Kohlen ein Konstanzgebiet aufweisen, während weniger saubere, nichtgraphitierte Kohlen einen Strahldichteanstieg zeigen. Finkelnburg ([12], S. 63) hat festgestellt, daß auch homogene, aus Ruß hergestellte Kohlen ein Konstanzgebiet haben, daß aber die Strahldichte vor dem Zischen wieder absinkt. Diese Tatsache ist interessant, weil die Ringsdorff-Spektralkohle II aus Ruß hergestellt ist. Wir haben an allen graphitierten Kohlen gelegentlich ein Absinken der Strahldichte dicht unter dem Zischen beobachtet, auch Goeing berichtet davon. Das Absinken erfolgt aber nur, wenn Anode und Kathode einen Winkel von 90° miteinander bilden; bei 120° haben wir es nie beobachten können.

Abb. 3 zeigt die Abhängigkeit zwischen der Strahldichte bei 7000 Å von der Stromstärke für die Ringsdorff-Kohle 658 EK mit 5 mm Durchmesser, die einen Krater von ungefähr 2,5 mm Durchmesser ausgebildet hat. Zum Vergleich ist eine Homogenkohle herangezogen worden, die ebenfalls einen Krater von rund 2,5 mm Durchmesser hatte. Dazu wurde eine Projektionskohle auf etwa 3,5 mm abgedreht. Wie man erkennt, decken sich die Kurven nicht völlig. Trotzdem dürfte der Schluß berechtigt sein, daß die Homogenkohle so früh zu zischen beginnt, daß sie das Konstanzgebiet garnicht erreicht. Wahrscheinlich wird im Konstanzgebiet der Kohlenstoff gleichmäßig sublimiert oder verdampft, während er beim Zischen stürmisch und unregelmäßig abgetragen wird. Graphitische Kohlen liegen in ihrer Textur dem Einkristall näher als Homogenkohlen. Die Verunreinigungen in den Homogenkohlen machen den Abtrag wahrscheinlich ebenfalls ungleichmäßiger.

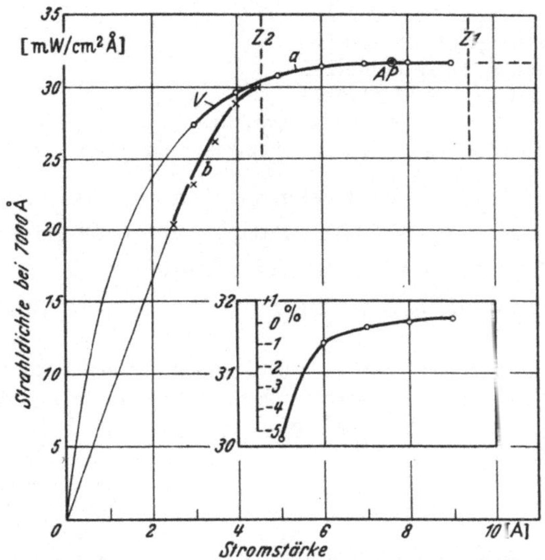

Abb. 3. Abhängigkeit der Strahldichte von der Stromstärke: a) graphitierte Kohle Ringsdorff 658 EK, 5 mm ∅; b) Homogenkohle rund 3,5 mm ∅. Z_1 und Z_2 sind die Zischgrenzen, $A\,P$ ist der Arbeitspunkt des Graphitbogens. Der Krater hatte in beiden Fällen etwa 2,5 mm ∅. Bei V ist die Kraterfläche völlig vom Bogenansatz bedeckt. Die Stahldichte ist auf die Einheit des Raumwinkels bezogen

Auf den graphitischen, hochreinen Kohlen bildet sich bei niedrigen Stromstärken ein Bogenansatz aus, der nicht den ganzen Krater ausfüllt. Er läuft langsam in etwa 4 bis 30 sec um. In diesem Bogenansatz findet man an der heißesten Stelle Strahldichten von etwa 90 % der Maximalstrahldichte. Ähnliches hat auch O. LUMMER [17] schon beobachtet. Steigert man die Stromstärke bis zum Ausfüllen des ganzen Kraters, so liegt man mit der Strahldichte an der in Abb. 3 markierten Stelle V. Diesen lokalisierten Bogenansatz findet man auf Homogenkohlen nicht oder zum mindesten nicht so ausgeprägt. In Abb. 3 sind also die niedrigeren Strahldichten für graphitierte Kohlen als Mittelwerte über die ganze Kraterfläche aufzufassen, während bei Homogenkohlen tatsächlich die ganze Fläche niedriger temperiert sein dürfte. Oberhalb des Zischeinsatzes herrscht nach Euler [18], [19] die gleiche Temperatur von rund 4000° K, was durch die gestrichelte Linie in Abb. 3 angedeutet ist.

b) Granulation. Die hochgereinigten, graphitierten Spektralkohlen kann man nach der Körnigkeit einteilen. Wir haben insgesamt 8 Sorten untersucht:

> Conradty, Schweißgraphit
> National Carbon Corp., Special Graphite Spectroscopic Electrode
> Ringsdorff, Spektralkohle I
> Ringsdorff, Spektralkohle II
> Ringsdorff, Spektralkohle III
> Schunk & Ebe, Spektralkohle
> Siemens — Plania, ARG Reinstgraphit
> United Carbide and Carbon, Spectroscopic Electrode.

Die meisten dieser Elektroden zeigten eine grobe Struktur und infolgedessen eine starke Granulation im projizierten Kraterbild. Abb. 4 und 5 vermitteln Ihnen einen Eindruck von dieser Granulation, vgl. hierzu auch [22]. Sie kommt durch kleine Vertiefungen

Tabelle 3. *Unterschiede in der wahren Temperatur der heißesten Stellen auf dem Krater verschiedener grafitierter Kohlen, nach Farbtemperaturmessungen von* J. Euler [19] *Meßgenauigkeit* ±0,5° K

Kohlensorte	Unterschiede der wahren Temperatur gegen Ringsdorff 652 EK °K
Conradty, Schweißgraphit	−0,5
Ringsdorff, 652 EK	0
Ringsdorff, 658 EK	+1,5
Schunk & Ebe, Spektralkohle	+2,0
Siemens-Plania, ARG Reinstgraphit .	−1,0

zustande, die als dunkle Musterung auf der Kraterprojektion erscheinen und wechselt innerhalb der Kohle mit langsamem Rhythmus. Durch die Granulation wird die Strahldichte herabgesetzt; wir beobachteten maximal Schwankungen um 5 %. Dagegen sind Überschreitungen nie festgestellt worden und die Temperaturen der heißesten Stellen stimmen nach [19] sehr gut überein. Die geringste Granulation zeigten naturgemäß die feinkörnigsten Kohlen. Besonders die Spektralkohle II von Ringsdorff hat praktisch keine merklichen Strahldichteunterschiede im Kraterbild.

c) Störungen durch Banden. Besonders die violetten Cyanbanden stören zwischen 3500 und 4300 Å relativ stark. Man kann

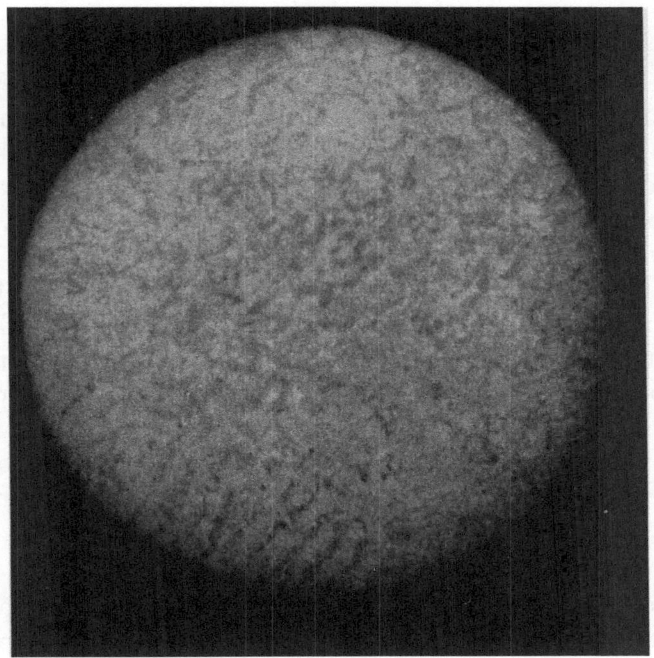

Abb. 4. Frontalansicht des stark granulierten Kraters einer grobkörnigen graphitischen Kohle

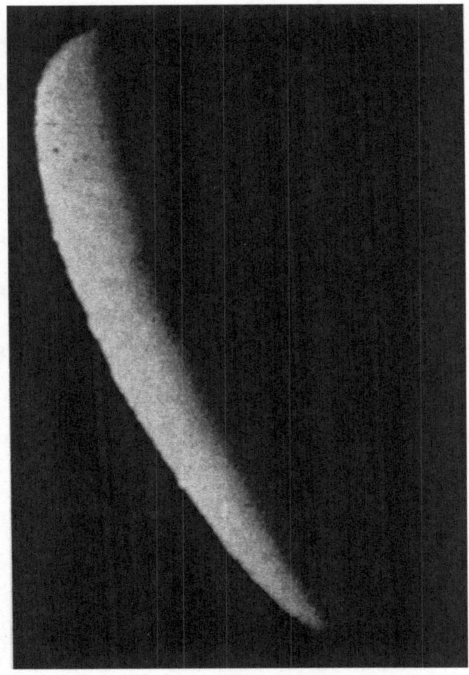

Abb. 5. Seitenansicht des positiven Kraters einer grobkörnigen grafitischen Kohle. Man erkennt die Erhöhungen auf der Kraterfläche

sie weitgehend beseitigen, wenn man den Bogen nicht in Luft, sondern in Kohlensäure brennt. Die Zischstromstärke liegt in Kohlensäure meist etwas niedriger[1]. Man arbeitet in Kohlensäure bei etwa 80—90% der Zischstromstärke und findet bei praktisch unveränderten wahren Temperaturen ein etwas größeres spektrales Emissionsvermögen. Über Einzelheiten vergleiche J. EULER [7] und [23] sowie WARK [24], VALLEE, REIMER, LOOFBOUROW [25] und AKIMOV [32]. Das spektrale Emissionsvermögen wächst beim Übergang von Luft auf Kohlensäure nach unseren Messungen z. B. bei Ringsdorff 513 EK (Vorläufertype von Spektral II) um 0,003 und bei der gröberen Kohle 658 EK um 0,013. Der Anstieg scheint im UV kleiner, und im UR größer zu sein. Da unsere Meßgenauigkeit aber nur ungefähr $\pm 0,01$ war, dürfte in Kohlensäure am besten im ganzen Spektrum mit einem um 0,01 höheren Emissionsvermögen zu rechnen sein.

Vor dem Kraterkontinuum liegen im nahen UR noch einige schwächere Banden, die aber praktisch nicht stören. Verhältnismäßig stark ist noch die CO-Bande bei 1,573 μ. Nach einer freundlichen persönlichen Mitteilung von LABS findet man eine allerdings kaum störende C_2-Bande bei 5165 Å. In CO_2 nimmt ihre Intensität stark zu. Schwächere Banden, die etwa 1—2% über der Strahldichte des Kontinuums liegen, finden sich an mehreren Stellen, nach den von NEWMAN [31] aufgenommenen Spektren z.B.

$\lambda =$	4315 Å	mittelstark	CH-Bande
	4381	schwach	Swan-Bande
rd.	4520	schwach	CN-Bande
	4737	mittelstark	Swan-Bande
	4835	schwach	Angström-Bande
	5165	mittelstark	Swan-Bande
	5610	schwach	Angström-Bande
	5635	schwach	Swan-Bande
	6079	sehr schwach	Angström-Bande.

Die Swan-Bande 5165 Å erreicht in Kohlensäure etwa 6% der Kraterstrahldichte. In Luft sind alle angeführten Banden wesentlich schwächer als die violetten Cyan-Banden.

d) Brennbedingungen und Reproduzierbarkeit. Aus unseren Arbeiten hat sich als beste Anordnung folgendes herausgeschält:

---

[1] Nach Beobachtungen, die mir Herr Dr. LABS freundlicherweise mitteilte, liegt dort der Zischeinsatz in CO_2 höher als in Luft. Wir haben mit strömender CO_2 gearbeitet, so daß der Zischeinsatz eventuell durch ,,Anblasen'' herabgesetzt worden sein könnte.

Man verwendet eine feinkörnige, graphitierte, gut gereinigte Kohle, z.B. Ringsdorff Spektralkohle II als Anode. Der Durchmesser liegt zwischen 5 und 15 mm, die erforderliche Stromstärke zwischen 8 und 40 Å je nach Kohlensorte und Durchmesser. Als Kathode wird eine möglichst dünne, verkupferte Kohle benutzt, z.B. Ringsdorff Gamma S 4 mm hauchverkupfert. Das Material für die Kathode hat nur wenig Einfluß auf die Strahldichte. Nach dem Zünden muß man warten, bis sich die Anode in ihre endgültige Form eingebrannt hat. Der Krater ist relativ klein, ist leicht nach außen gewölbt und seine Normale ist ungefähr 15° gegenüber der Anodenachse in Richtung auf die Kathode zu geneigt. Im allgemeinen wird man mit horizontaler Anode und unten liegender Kathode arbeiten. Am besten ist ein Winkel von 120° zwischen den Elektroden. Wenn der Bogen seine endgültige Form ausgebildet hat, bestimmt man die Zischstromstärke und legt dann die Bogenstromstärke in Luft auf etwa 80%, in Kohlensäure auf 85—90% der Zischstromstärke fest. Als Lampe eignen sich am besten käufliche Nebenschluß-Regellampen, wobei man aber meist das Vorschubverhältnis ändern muß, weil die Lampen für wesentlich dickere negative Kohlen eingerichtet sind. Die Stellung der Anode wird am besten mit einer seitlichen Hilfsabbildung überwacht und von Hand nachgeregelt. PATZELT und BALDEWEIN [14] geben für die Brennspannung 53 V an; unsere Werte lagen meist einige Volt höher. Die einzelnen Graphitsorten und die Betriebsbedingungen verursachen Unterschiede um maximal ±2% vom Mittelwert der Strahldichte. Sie hängen nicht von der Wellenlänge ab, dürften also nicht von Temperaturunterschieden herrühren. Neben den Unterschieden der verschiedenen Graphitbögen treten zeitliche Schwankungen auf, auch am gleichen Kohlestift. Sie erfolgen mit Perioden von 4—100 sec. Farbtemperaturmessungen [19] legen den Schluß nahe, daß Temperaturschwankungen für den größeren Teil der zeitlichen Strahldichteschwankungen verantwortlich sind. Auch Schwankungen der zufälligen Granulationsverteilung machen sich als Temperaturschwankungen bemerkbar.

Sieht man von augenscheinlichen Störungen des ruhigen Brennens ab, so unterliegt die Strahldichte des Bogens im allgemeinen nur Schwankungen z.B. bei 4000 Å um etwa 1—1,5%. Mit besonders ausgesuchtem Kohlenmaterial und magnetischer Stabilisierung kann man über eine ganze Anodenlänge die Schwankungen bei ungefähr ±0,5% der Strahldichte halten. Dabei muß dann der Bogen vor Luftzug geschützt werden.

Die Bogen „spucken" leicht, so daß man alle abbildende Optik
mit öfters ausgewechselten dünnen Glasplatten oder dergleichen
schützen muß. Das Lambertsche Kosinusgesetzt ist bis etwa 50°
Neigung gegen die Kraternormale gut erfüllt. Daraus berechnet
sich das maximal anwendbare Öffnungsverhältnis des Kondensors
auf 1 : 0,75, wenn die optische Achse in der Verlängerung der Anodenachse steht.

4. Zur Zeit noch bestehende Schwierigkeiten

a) Für die Ermittelung der Energieverteilung sind im Gebiet von
0,5—0,8 μ von J. Euler [7] Wolfram-Bandlampen benutzt worden,

Tabelle 4. *Emissionsvermögen von Wolfram bei einer wahren Temperatur von 2800° K*

Wellenlänge Å	Emissionsvermögen		
	nach Hamaker	nach de Vos	Abweichung %
5 000	0,441	0,443	+ 0,5
5 500	439	439	0
6 000	434	436	+ 0,5
6 500	0,428	0,430	+ 0,5
7 000	423	423	0
7 500	405	412	+ 0,7
8 000	0,377	0,400	+ 6,1
9 000	340	385	+ 13,3
10 000	323	369	+ 14,3

deren schwarze Temperatur in der PTB kalibriert war. Zur Berechnung der wahren Temperatur und der Energieverteilung sind
dabei die von Hamaker und Ornstein [26], [27] angegebenen
Werte des spektralen Emissionsvermögens von Wolfram verwendet
worden. Inzwischen ist eine neue Messung dieser Daten durch
de Vos [28] erfolgt, die verhältnismäßig stark abweichende Werte
angibt.

Man erkennt, daß die großen Abweichungen bei 8000 Å anfangen.
Deshalb hätten die Meßpunkte bei 0,8 μ nach unten abweichen
müssen, wenn die Hamakerschen Werte zu niedrig liegen. Tatsächlich ist das nicht zu bestätigen. Wahrscheinlich ist diese Abweichung bei der Mittelbildung aus insgesamt 31 Meßreihen bei
der Ringsdorff-Kohle 513 EK untergegangen. Bei größeren Wellenlängen, wo die Abweichung deutlicher geworden wäre, ist mit
schwarzen Körpern verglichen worden. An den Meßreihen für die
Spektralkohle von Schunk & Ebe konnte die Abweichung gar nicht

gefunden werden, weil dabei der Vergleich mit Bardlampen bereits bei 7300 Å aufhört.

b) Ich möchte noch auf die umfangreichen Untersuchungen hinweisen, die von Herrn Labs in der Sternwarte Heidelberg durchgeführt worden sind. Bei diesen Messungen hat sich unter anderem herausgestellt, daß welliger Gleichstrom aus einem Gleichrichter wesentlich niedrigere Kratertemperaturen ergibt. Man muß also mit reinem Gleichstrom, möglichst aus einer Batterie arbeiten.

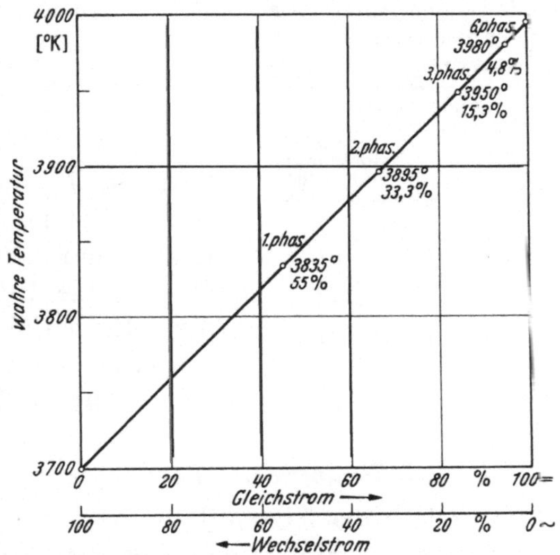

Abb. 6. Wahre Temperatur des positiven Graphitkraters bei der Verwendung von welligem Gleichstrom. Die gemessenen Temperaturen für reinen Gleichstrom und reinen Wechselstrom sind durch eine Gerade verbunden worden. Kohle: Ringsdorff 652 EK; Summe von Gleichstrom und effektivem Wechselstrom 8,5 Amp konstant

Die von Herrn Labs gefundenen wahren Temperaturen liegen beim Betrieb an einem nicht gesiebten, dreiphasigen Brückengleichrichter um etwa 30° K niedriger als bei reinem Gleichstrom. In Abb. 6 ist in einem Diagramm eine Gerade zwischen den wahren Temperaturen des positiven Kraters beim Gleichstrombogen und des Kraters beim Wechselstrombogen gezogen. Die Temperatur des Wechselstromkraters stammt aus eigenen Messungen an der Ringsdorff-Kohle 652 EK bei 8,5 A. Die Übereinstimmung der Temperatur, die mit 4,8% Wechselstromanteil dem dreiphasigen Brückengleichrichter entspricht, mit rund 3980° K mit dem von Labs beobachteten Wert von 3970° K ist erträglich, wenn auch nicht sehr befriedigend. Man sollte diese Abhängigkeit durch Messungen an anderen Gleichrichtern überprüfen.

c) In der vorstehenden Zusammenstellung sind alle Temperaturen in der internationalen Skala von 1948 angegeben. Die Werte für das Emissionsvermögen sind unterhalb von 5500 Å völlig von neuen Verschiebungen der Temperaturskala unabhängig. Oberhalb von 5500 Å haben Verschiebungen der Konstanten c_2 und des Goldpunktes entsprechende Veränderungen zur Folge

$$\frac{dE}{E} = \frac{c_2}{\lambda}\left(\frac{1}{T_{Au}} - \frac{1}{W}\right) \times \times \left[-\frac{dc_2}{c_2} + \frac{dT_{Au}}{T_{Au}} + \frac{dq}{q}\right].$$

Darin ist T_{Au} die Temperatur des Goldpunktes, W die Kratertemperatur und $q = W - T_{Au}$ die Differenz beider. Mit den üblichen Zahlenwerten ergibt sich die nebenstehende Tabelle.

Tabelle 5

Eine Änderung von c_2 um eine Einheit der letzten Dezimale, also z. B. von 1,438 nach 1,439 cm° K, und des Goldpunktes um 1° K hätte die folgenden prozentualen Änderungen der Zahlenwerte für das spektrale Emissionsvermögen zur Folge

Wellenlänge	Änderung (%)	
	von c_2	vom Goldpunkt verursacht
6000 Å	− 0,82	+ 1,33
7000 Å	− 0,71	1,14
8000 Å	− 0,62	1,00
1,0 μ	− 0,50	0,80
1,2 μ	− 0,41	0,67
1,4 μ	− 0,35	0,57
1,6 μ	− 0,31	0,50
1,8 μ	− 0,28	0,44

5. Zusammenfassung

Nach den Erfahrungen der letzten Jahre darf man sagen, daß der Graphitbogen sich als Standardstrahler bewährt hat. Die wahre Temperatur liegt bei 3996 ± 15° K in der Temperaturskala von 1948. Die früher [7] angegebenen Werte für das spektrale Emissionsvermögen dürfen ebenfalls als richtig angesehen werden. Nur im Gebiet unterhalb 3000 Å können sich noch Verschiebungen ergeben. Eine gewisse Unsicherheit ist außerdem durch die Neubestimmung der Emissionsdaten von Wolfram aufgetaucht. Außerdem hat sich noch ergeben, daß der verwendete Gleichstrom nicht wellig sein darf, weil sonst die wahre Temperatur zu niedrig liegt.

Literatur

[1] McPherson, H. G.: J. Opt. Soc. Amer. **30**, 189−194 (1940). − [2] Goeing, W.: Z. Physik **131**, 603 (1952). − [3] Wensel, H. T.: Zit. nach Temperature its Measurement and Control, S. 1146−1149. New York: Reinhold Publ. Cie. 1941. − [4] Chaney, N. K., V. C. Hamister and S. W. Glass: Trans. Electrochem. Soc. **67**, 107 (1935). − [5] Waidner, C. W., u. G. R. Burgess: Physical Rev. **19**, 241−258 (1904). − [5a] Waidner, C. W., and G. R. Burgess: Bull. Bur. Stand. **1**, 109 (1904). − [6] Forsythe, W. E., u. E. M. Watson: Zit. nach [3], S. 1149. − [7] Euler, J.:

Annalen (6) **11**, 203—224 (1953). — [8] EULER, J.: Annalen (6) **14**, 145—173 (1954). — [9] FRÜHLING, H. G.: Freundliche private Mitteilung. — [10] FIEBIGER, A.: Diplomarb. Braunschweig 1949. — [11] KRIJSMAN, C.: Diss. Utrecht 1938. — [12] FINKELNBURG, W.: Hochstromkohlebögen, S. 95. Springer Berlin: 1948. — [13] RUPERT, C. S., and J. STRONG: J. Opt. Soc. Amer. **40**, 455—459 (1950). — [14] PATZELT, E., u. K. BALDEWEIN: Wiss. Veröff. Siemens **21**, H. 1, 213 (1943). — [15] PATZELT, E.: Licht **13**, H. 6—9 (1943). — [16] REICH, M.: Physik. Z. **7**, 73—89 (1906). — [17] LUMMER, O.: Verflüssigung der Kohle, S. 36 oben. Braunschweig: Vieweg & Sohn 1914. — [18] EULER, J.: Z. angew. Physik **2**, 115—117 (1950). — [19] EULER, J.: Z. angew. Physik **3**, 260—263 (1951). — [20] PRESCOTT, C. J., and HINCKE: Physical Rev. **31**, 130 (1928). — [21] EULER, J.: Physik. Verh. **2**, 41 (1950). — [22] EULER, J.: Photogr. Korresp. **89**, 1—8 (1953). — [23] EULER, J.: Z. angew. Physik **5**. 64—69 (1953). — [24] WARK, W. J.: J. Opt. Soc. Amer. **41**, 482 (1951). — [25] VALLEE, B. L., C. B. REIMER and J. R. LOOFBOUROW: J. Opt. Soc. Amer. **40**, 751 (1950). — [26] HAMAKER, H. C.: Diss. Utrecht 1934. — [27] ORNSTEIN, L. S.: Physica (Den Haag) **3**, 561 (1936). — [28] VOS, J. C. DE: Physica (Den Haag) **20**, 669—689, 690—714 (1954). — [29] HAGENBACH, A.: Der elektrische Lichtbogen. In Handbuch der Radiologie von MARX, Bd. IV, Teil 2, S. 206. Leipzig: Akademische Verlagsgesellchaft 2. Aufl., 1924. — [30] BÖHM, E.: Unveröffentlichte Diplomarbeit an der T. H. Hannover, vgl. W. GOEING, H. MEIER, H. MEINEN, Z. Physik **140**, 376—393 (1955). — [31] NEWMAN, F. H.: Phil. Mag. (VII) **28**, 544—548 (1939). — [32] AKIMOV, A. I.: Optik i Spektroskopie (russ.) **1**, 434—436 (1956)

A. Bauer (Augsburg) und **P. Schulz** (Karlsruhe): Der Xenon-Hochdruckbogen als spektralphotometrischer Standard. (Mit 3 Textabbildungen.)

Der Xenonhochdruckbogen ist hauptsächlich wegen seiner in günstigem Spektralbereich liegenden intensiven kontinuierlichen Strahlung zum Standard-Strahler geeignet [1] bis [4]. Die spektrale Verteilung des Kontinuums läßt sich aus der Termanordnung des

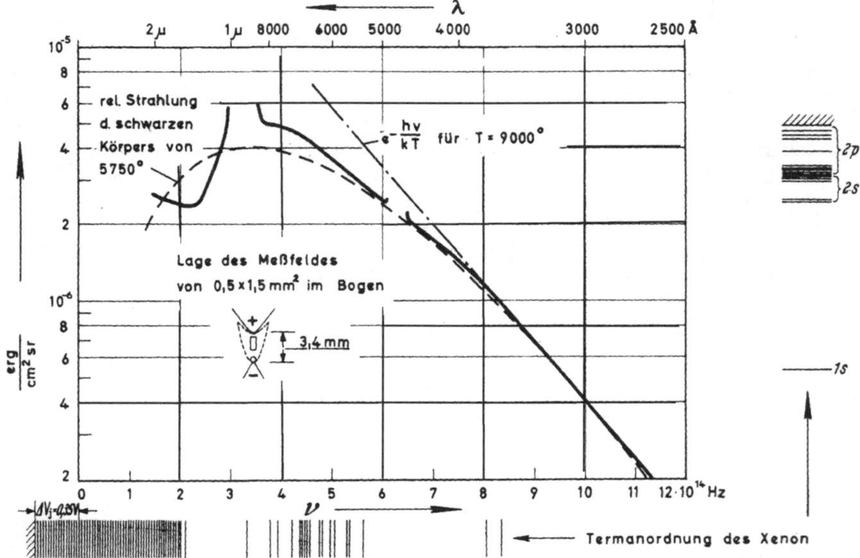

Abb. 1. Absolute spektrale Strahldichteverteilung des Kontinuums der Xenon-Hochdrucklampe XBO 1001 [1]

Xenon-Atoms erklären. In Abb. 1 zeigt das senkrecht angeordnete Termschema nur einige Terme, während in dem liegenden Termschema, welches im gleichen Frequenzstabmaß wie das Diagramm darüber gezeichnet ist, bis zum Punkt $2 \cdot 10^{14}$ Hz des Frequenzmaßstabes alle Terme wiedergegeben sind, und die zahlreichen Terme kleineren Abstandes zur Ionisierungsgrenze durch Schraffur angedeutet sind. Wegen des größeren Maßstabes konnte in diesem Termschema der Grundzustand nicht mit eingezeichnet werden. Unter der Ionisierungsgrenze ist bis zu einer Grenzenergie eine

---

[1] Umgezeichnet nach H. G. Frühling, W. Münch und M. Richter, CIE 13. Sess. Zürich.

relativ dichte Termfolge zu beobachten, auf die bis zum Grundterm kein weiterer Anregungszustand mehr folgt. H. MAECKER und T. PETERS [5] zeigten, daß bei ganz dichter Termfolge bis zu dieser Grenzenergie für die kontinuierliche Strahlung eines Plasmas bis zu einer Grenzfrequenz ein frequenzunabhängiger Verlauf zu erwarten ist. Die Grenzfrequenz entspricht der Differenz Grenzenergie — wahre Ionisierungsenergie. (In Abb. 1 ist darum das Termschema unter dem Diagramm um die Erniedrigung der Ionisierungsenergie im Hochdruckplasma, die hier etwa 0,35 eV betragen wird, nach links verschoben worden.) Oberhalb der Grenzfrequenz läßt die Theorie einen Abfall der Kontinuumsintensität nach höheren Frequenzen hin mit $\exp(-h\nu/kT)$ erwarten. Eine bis zur Grenzenergie dichte Termfolge zeigt das Xenon-Atom nur in grober Annäherung. Abweichungen des spektralen Intensitätsverlaufes von dem theoretisch zu erwartenden sind darum zu erwarten. Es ist jedoch leicht einzusehen, daß vom letzten Term ab zu höheren Frequenzen hin der Abfall mit $\exp(-h\nu/kT)$ zutreffen muß.

Wie Abb. 1 zeigt, ist oberhalb etwa $8 \cdot 10^{14}$ Hz der Intensitätsverlauf tatsächlich gut durch eine Gerade wiederzugeben. (Der Intensitätsmaßstab ist logarithmisch!) Aus dem Steigungsmaß läßt sich die Anregungstemperatur und damit praktisch die Plasmatemperatur von $T = 9000°$ errechnen. Da das vermessene Strahlenbündel alle Schichten der inhomogenen Bogensäule durchsetzt, stellt diese Temperatur einen effektiven Wert dar, der um einen kleinen Betrag unter dem wahren Maximalwert in der Bogenachse liegen dürfte.

Die gemessene Intensitätsverteilung läßt sich in weitem Frequenzbereich recht gut durch eine Kirchhoff-Planck-Funktion geeigneter Temperatur darstellen. In Abb. 2 ist der relative Verlauf der Kirchhoff-Planck-Funktion für $5750°$ eingetragen. Man kann also dem Kontinuum des Xenon-Bogens im Wellenlängenbereich zumindest von 2500—8000 Å etwa eine Verteilungstemperatur von $5750°$ zuordnen. Im Spektralbereich oberhalb der Grenzfrequenz läßt sich die proportional $\exp(-h\nu/kT)$ verlaufende Kontinuumsintensität mit der Hohlraumstrahlung nach der Wienschen Strahlungsformel $S \sim \nu^3 \exp(-h\nu/kT)$ vergleichen. Die Wiensche Formel ist in diesem Spektralbereich anwendbar. Gleiche Steigung beider Kurven — Intensitätsverteilung des Lichtbogens und des schwarzen Körpers — ist strenggenommen nur in einem Punkt erreichbar. In diesem Punkt gilt für die Verteilungstemperatur $T_v = T/(1 + 3\,kT/h\,\nu)$. Je höher die Frequenz, bei der beide Kurven verglichen werden, um so näher liegen wahre und Verteilungstemperatur.

Die spektrale Strahldichteverteilung einiger Xenon-Lampentypen im Vergleich zu anderen Lampen zeigt Abb. 2. Die relativ

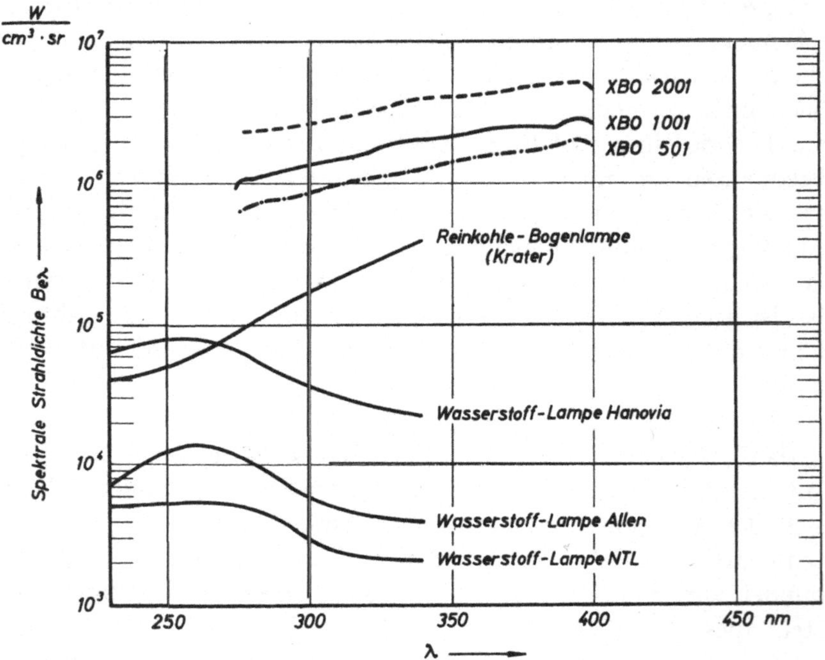

Abb. 2. Spektrale Strahldichteverteilung verschiedener, vorwiegend kontinuierlicher Strahler im UV. XBO-Lampen nach H. G. Frühling, W. Münch und M. Richter, Reinkohle- und Wasserstofflampen nach W. A. Baum und L. Dunkelmann

hohe Strahldichte des Xenon-Bogens zeichnet sich vorteilhaft von der Strahldichte anderer Bogentypen ab.

Zum Verständnis der Vor- und Nachteile des Xenon-Bogens muß kurz auf die Vorgänge im Xenon-Plasma eingegangen werden. Die Ramsauer-Querschnitte der schweren Edelgase haben einen eigentümlichen Gang mit der Elektronengeschwindigkeit. Bei den im Xenon-Bogen herrschenden Temperaturen von rund 7000° bis 10 000° befindet man sich, wie P. Schulz [1] zeigte, gerade im Minimum des Ramsauer-Querschnittes und damit auch des Transportquerschnittes q. Dies ist in mehrfacher Hinsicht bedeutsam für das Verhalten des Xenon-Bogens. Für die spezifische Leitfähigkeit gilt im quasineutralen Plasma unter Vernachlässigung der schwach temperaturabhängigen Glieder

$$\sigma = n_e\, b_e\, e \sim \frac{N_+}{N q + N_+\, q_+}\,.$$

(n_e, N_+ Elektronen- bzw. Ionendichte; b_e Beweglichkeit der Elektronen; e Elementarladung; q, q_+ wirksamer Querschnitt der Atome bzw. der positiven Ionen gegenüber Elektronen.)

Mit schwächerer spezifischer Belastung der Säule ist $N q > N_+\, q_+$. Der ungewöhnlich kleine Ramsauer- bzw. Transport-Querschnitt ergibt für Xenon eine große Leitfähigkeit und damit einen kleinen elektrischen Gradienten der Bogensäule. Mit steigender spezifischer Belastung steigt die Bogentemperatur und wird $N q < N_+\, q_+$. Damit ergibt sich schon bei geringeren Belastungen als in Plasmen anderer Gase eine weitgehende Unabhängigkeit der Leitfähigkeit von der Belastung. Aus diesen Betrachtungen wird sofort· das Bestreben des Xenon-Bogens verständlich, den Bogenquerschnitt mit zunehmender Belastung zu vergrößern, ohne die Bogentemperatur und zufolge der vorher angestellten Überlegungen die Verteilungstemperatur wesentlich zu erhöhen. So hat ein Kurzbogen von 45 Amp Belastung etwa die Verteilungstemperatur 5750°, ein Kurzbogen von 8 Amp etwa 5500° und für einen langen Bogen von 3 Amp schwanken die Angaben noch zwischen 5250° und 5500°. Diese weitgehende Unabhängigkeit der Verteilungstemperatur von der Belastung ist im Hinblick auf die Anwendung als Standard ein außerordentlicher Vorteil.

Der kleine elektrische Gradient bringt aber auch einen Nachteil mit sich. Jeder nicht wandstabilisierte Bogen zeigt ein gewisses durch Konvektionsströme hervorgerufenes flammenartiges Flakkern. Je geringer der elektrische Gradient und damit die den Bogen begradigenden Kräfte, um so unruhiger brennt der Bogen. Erschwerend tritt hinzu, daß der Bogenansatz bei den hohen Drucken dazu neigt, auf der Kathodenoberfläche hin- und herzutanzen. Diese für eine Verwendung als Normal schwerwiegenden Nachteile konnten bei den Bogentypen, deren technische Entwicklung abgeschlossen ist, auf ein Minimum herabgedrückt werden, und zwar um so besser, je höher die Bogenleistung ist. So beträgt, wie in [4] näher behandelt, die zeitliche Schwankung der Lichtstärke bei der Type XBO 501 in normalem Batteriebetrieb maximal $\pm 1 - 1{,}5\,\%$ und wird bei Lampen höherer Leistung noch erheblich besser.

Die zeitlichen Schwankungen der Leuchtdichte betragen hierbei $\pm 0,5-1\%$. Für die Reproduzierbarkeit gelten die gleichen Grenzen. Durch Regeln der Versorgungsstromstärke lassen sich die Intensitätsschwankungen noch erheblich vermindern.

Ein technischer Nachteil des kleinen elektrischen Gradienten liegt noch darin, daß bei Kurzbogenlampen hohe Leistungen entsprechend hohe Ströme verlangen, was technisch schwerer zu bewältigen ist. Die von der Firma Osram entwickelten Kurzbogenlampen haben folgende Daten:

Tabelle 1

Lampe (Kurzzeichen)	XBO 162		XBO 501	XBO 1001	XBO 2001
Stromart	—	~	—	—	—
Versorgungsspannung V . . .	65—110	220	≥ 65	≥ 65	≥ 65
Brennspannung V .	20	19	20	22	26
Stromstärke max. Å	7,5	8	25	45	70
Leistungsaufnahme W	150		500	1000	2000
Lichtstrom lm . . .	3200		13 500	32 000	70 000
Lichtstärke cd . . .			1600	3500	7500
Bogenabmessungen Breite × Höhe mm .			1,2 × 2,4	1,7 × 3,4	2 × 4
Leuchtdichte cd/cm²			30 000	40 000	65 000
Mittlere Lebensdauer h	800		800	1200	1000

Die Lampen XBO 501, XBO 1001, und XBO 2001 sind zu Standard-Strahlern bezüglich der Konstanz ihrer Strahlung, wie wir sahen, um so besser geeignet je höher ihre Leistung ist. Ob die Brennruhe der XBO 162 den an ein Normal zu stellenden Anforderungen genügt, bedarf noch einer näheren Untersuchung.

Bei Kurzbogenlampen, die unter etwa 8 Amp betrieben werden, ist die nötige Brennruhe mit keinem Mittel mehr zu erreichen. Um eine mit kleineren Stromstärken betriebene ruhig brennende Xenon-Lampe zu ermöglichen, müssen andere Wege beschritten werden. Im folgenden sollen einige Möglichkeiten beschrieben werden, wie bei mäßiger Stromstärke ein gleichmäßig ruhig brennender Bogen zu erreichen ist.

Abb. 3 zeigt eine Lampe, bei der in einer längeren Rinne ein 3 Amp Bogen brennt [6]. Er wird an der Stelle größter Annäherung der Elektroden mit Hilfe eines über die Zündsonde 5 gegebenen Hochspannungsstoßes gezündet. Das Eigenmagnetfeld der Stromzuführungen drängt den Bogen dann an die Enden der Elektroden und in die dem Quarzkolben eingeprägte Rinne. Auf diese Weise brennt der Bogen stabil und ruhig. Wegen der Berührung mit dem Quarz kann an dieser Stelle eine gewisse Schwärzung der Wandung eintreten. Dies ist jedoch unerheblich, da der Austritt der bei einer optischen Abbildung benutzten Strahlung auf der gegenüberliegenden 12 mm entfernten Seite des Kolbens erfolgt. Wegen der Konvektion der heißen Bogengase können Verunreinigungen durch verdampftes Wolfram an die oberen Teile des Kolbens und mit dem absinkenden Konvektionsstrom sogar auf die gegenüberliegende

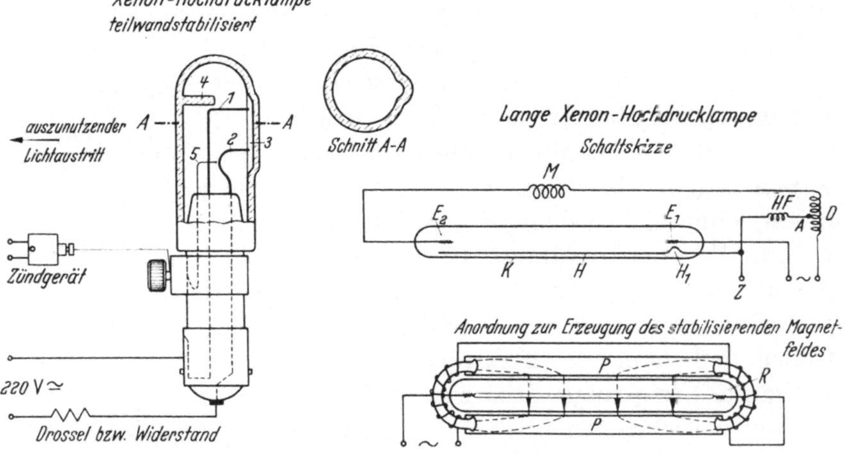

Abb. 3. Möglichkeiten zur magnetischen Zündung und Stabilisierung von Hochdruckbögen

Seite gelangen und hier Schwärzungen verursachen. Um die optisch benutzte Kolbenzone von Schwärzungen lange frei zu halten, ist im oberen Teil des Kolbens eine Trennscheibe angeordnet, die etwa bis zur Mitte der Röhre reicht. Hierdurch erfolgt eine Ablagerung mitgerissener schwärzender Teilchen im Dom des Quarzkolbens und eine Schwärzung der optisch benutzten Kolbenzone tritt auch nach vielen hundert Brennstunden nicht ein. (Die Zündung der Lampe geschieht durch einen Hochspannungsstoß über die Zündsonde an einer Stelle größter Annäherung der Elektroden, um hohe Zündspannungen zu vermeiden.) Die Zündung kann auch ohne Verwendung einer gesonderten Zündsonde bewirkt werden, wenn der Zündstoß auf die eine Hauptelektode gegeben und das Netz durch eine Hochfrequenzdrossel gegen den Hochspannungsstoß abgeschirmt wird. Die kurzperiodischen Schwankungen der Strahlstärke können nach HELLER [7] durch eine elektronische Regelung der Stromstärke auf unter 0,3 % herabgedrückt werden. Die Verteilungstemperaturänderungen waren bei 500 Brennstunden kleiner als 2%. Nach ähnlichem Prinzip lassen sich durch geeignete Stabilisierungsmaßnahmen auch Xenon-Lampen mit längerem Bogen verwirklichen.

So zeigt Abb. 3 eine Anordnung, bei der lange Bögen leicht zu zünden sind und durch ein stabilisierendes Magnetfeld so von der oberen Kolbenzone abgedrängt werden, daß sie ruhig in Kolbenmitte brennen. Der Zündvorgang, der in [8] näher beschrieben ist, spielt sich ähnlich wie bei der vorher erwähnten Lampe ab, nur daß der Bogen beim Übergang in die Brennlage von der Hilfselektrode H zur Elektrode E_2 überspringt und dadurch selbsttätig das stabilisierende Magnetfeld M einschaltet. Eine Möglichkeit zur Erzeugung des Magnetfeldes zeigt Abb. 3.

Eine interessante Möglichkeit, den elektrischen Gradienten der Xenon-Bogensäule, dessen niederer Wert oft nachteilig ist, anzuheben, ohne die Strahlungseigenschaften zu ändern, sei noch erwähnt. Wie oben erläutert, beruht der niedrige Gradient hauptsächlich auf den sehr kleinen Querschnitten der Xenon-Atome gegenüber den Elektronen, wodurch die freie Weglänge der Elektronen und damit die Elektronenbeweglichkeit sehr hohe Werte annimmt. Ein geringer Zusatz eines Gases dessen Atomquerschnitt gegenüber Elektronen erheblich größer ist als derjenige des Xenon, verringert die Elektronenbeweglichkeit und vergrößert damit den Gradienten. Ein geeignetes Puffergas, welches wegen seiner hohen Anregungs- und Ionisierungsspannung an den Entladungsvorgängen im übrigen nicht teilnimmt und folglich die Strahlungseigenschaften der reinen Xenon-Entladung nicht verändert, ist Helium oder Wasserstoff. Ein Zusatz dieser leichten Gase erhöht allerdings die klassischen Wärmeleistungsverluste. Da im übrigen diese beiden Gase durch die heiße Quarzwand der Lampe diffundieren, erfordert die Beimischung dieser Gase, wie in [8] näher erläutert, einen Außenkolben aus Hartglas.

Literatur

[1] Schulz, P.: Reichber. Physik 1, 147 (1944). — Ann. Physik 1, 95, 107 (1947). — Z. Naturforsch. 2W, 2, a, 583 (1947). — [2] Larché, K.: Lichttechnik 2, 41 (1950). — Z. Physik 132, 544 (1952); 136, 74 (1953). — [3] Kienle, H.: Mitt. Astronom. Ges. 1952. — [4] Frühling, H.G., W. Münch u. M. Richter: Farbe 5, 41 (1956). — [5] Maecker, H., u. T. Peters: Z. Physik 139, 448 (1954). — [6] Bauer, A., u. P. Schulz: Ann. d. Phys. 6. F. 88, 227 (1956). — [7] Heller, Th.: Z. Astrophysik 38, 55 (1955). — [8] Bauer, A., u. P. Schulz: Z. Physik 146, 339 (1956).

K. Bahner (Heidelberg): Das Zeiss-Schnellphotometer als Registrierphotometer. (Mit 1 Textabbildung.)

Das auf der Heidelberger Sternwarte vorhandene Schnellphotometer II (VEB Zeiss-Jena) wurde zum Registrierphotometer umgebaut (gemeinsam mit D. Labs). Dabei standen die Forderungen nach Handlichkeit, einfacher Bedienung und hoher Registriergeschwindigkeit im Vordergrund. Die Aufzeichnung sollte mit

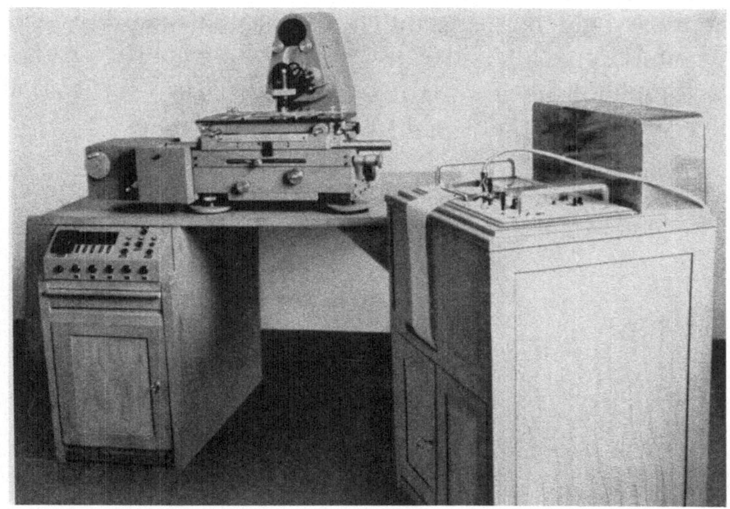

Abb. 1

einem direktregistrierenden Schreiber erfolgen, die Anlage voll netzbetrieben sein. Die Funktion als Schnellphotometer durfte nicht beeinträchtigt werden.

Die Lösung der gestellten Aufgabe wurde durch die folgenden Änderungen und Zusätze erreicht:

Antrieb: Vorschub des Plattentisches mit Spindel und Mutter; maximale Registrierlänge 22 cm; Kupplung Mutter—Plattentisch mit Elektromagnet an beliebiger Stelle; Antrieb der Spindel durch Synchronmotor über Wechselradgetriebe (resultierendes Übersetzungsverhältnis 1:1 bis 1:400) und elektromagnetische Lamellenkupplungen für Rechts- und Linkslauf sowie Handkurbelbetätigung; Druckknopfsteuerung mit vollständiger Verriegelung gegen Bedienungsfehler.

Lichtweg: Stromversorgung der Photometerlampe mit magnetischem Spannungsgleichhalter; mit Klappspiegel wahlweise auf das eingebaute Photoelement + Galvanometer oder auf Photomultiplier 931 A. Spannungsversorgung des Multipliers mit Stabilisatorenkette.

Anzeige: Gleichspannungs-Kompensationsschreiber Enograph G (Rohde und Schwarz) vom Photostrom direkt ausgesteuert; Papiervorschub mit Synchronmotor, dadurch Gleichlauf mit Plattentisch; Genauigkeit der Übersetzung: Differenz Platte—Papier $\leq 5\ \mu$m im Plattenmaßstab; Papiergeschwindigkeit 2 mm/sec, Einstellzeit maximal 0,25 sec; durch Umschalten der Arbeitswiderstände und Einschalten der im Schnellphotometer vorhandenen Filter Empfindlichkeitsvariation ($\sim$ Spaltfläche) im Verhältnis 1:400; Anzeigekonstanz: $\pm 0,5\,\%$ über Stunden.

Sitzungsberichte

der

Heidelberger Akademie der Wissenschaften

Mathematisch-naturwissenschaftliche Klasse

Jahrgang 1956/1957

1956/1957

Springer-Verlag Berlin Heidelberg GmbH

INHALT

Jahrgang 1956/1957

Jahrgang 1942.

1. E. Gotschlich. Hygiene in der modernen Türkei. DM 0.60.
2. Studien im Gneisgebirge des Schwarzwaldes. XIII. O. H. Erdmannsdörffer. Über Granitstrukturen. DM 1.60.
3. J. D. Achelis. Die Überwindung der Alchemie in der paracelsischen Medizin. DM 1.40.
4. A. Benninghoff. Die biologische Feldtheorie. DM 1.—.

Jahrgang 1943.

1. A. Becker. Zur Bewertung inkonstanter α-Strahlenquellen. DM 1.—.
2. W. Blaschke. Nicht-Euklidische Mechanik. DM 0.80.

Jahrgang 1944.

1. C. Oehme. Über Altern und Tod. DM 1.—.

1945, 1946 und 1947 sind keine Sitzungsberichte erschienen.

Ab Jahrgang 1948 erscheinen die „Sitzungsberichte" im Springer-Verlag.

Inhalt des Jahrgangs 1948:

1. P. Christian und R. Haas. Über ein Farbenphänomen. DM 1.50.
2. W. Blaschke. Zur Bewegungsgeometrie auf der Kugel. DM 1.—.
3. P. Uhlenhuth. Entwicklung und Ergebnisse der Chemotherapie. DM 2.—.
4. P. Christian. Die Willkürbewegung im Umgang mit beweglichen Mechanismen. DM 1.50.
5. W. Bothe. Der Streufehler bei der Ausmessung von Nebelkammerbahnen im Magnetfeld. DM 1.—.
6. W. Troll. Urbild und Ursache in der Biologie. DM 1.50.
7. H. Wendt. Die Jansen-Rayleighsche Näherung zur Berechnung von Unterschallströmungen. DM 2.40.
8. K. H. Schubert. Über die Entwicklung zulässiger Funktionen nach den Eigenfunktionen bei definiten, selbstadjungierten Eigenwertaufgaben. DM 1.80.
9. W. Schaaff. Biegung mit Erhaltung konjugierter Systeme. DM 1.80.
10. A. Seybold und H. Mehner. Über den Gehalt von Vitamin C in Pflanzen. DM 9.60

Inhalt des Jahrgangs 1949:

1. H. Maass. Automorphe Funktionen und indefinite quadratische Formen. DM 3.60.
2. O. H. Erdmannsdörffer. Über Flasergranite und Böllsteiner Gneis. DM 1.20.
3. K. H. Schubert. Die eindeutige Zerlegbarkeit eines Knotens in Primknoten. DM 2.80.
4. K. Holldack. Grenzen der Herzauskultation. DM 4.20.
5. K. Freudenberg. Die Bildung ligninähnlicher Stoffe unter physiologischen Bedingungen. DM 1.—.
6. W. Troll und H. Weber. Morphologische und anatomische Studien an höheren Pflanzen. DM 7.80.
7. W. Doerr. Pathologische Anatomie der Glykolvergiftung und des Alloxandiabetes. DM 9.80.
8. W. Threlfall. Knotengruppe und Homologieinvarianten. DM 1.50.
9. F. Oehlkers. Mutationsauslösung durch Chemikalien. DM 3.80.
10. E. Sperner. Beziehungen zwischen geometrischer und algebraischer Anordnung. DM 3.—.
11. F. Heller. Ursus (Plionarctos) stehlini Kretzoi. DM 4.80.
12. W. Rauh. Klimatologie und Vegetationsverhältnisse der Athos-Halbinsel und der ostägäischen Inseln Lemnos, Evstratios, Mytiline und Chios. DM 10.50.
13. Y. Reenpää. Die Schwellenregeln in der Sinnesphysiologie und das psychophysische Problem. DM 1.60.